U0058292

麵包教科書2

40種人氣麵包
2500張步驟圖解

前言

　　麵包的製作，常會讓人有很花時間的印象，但好整以暇
慢慢地做出來的麵包，真的是非常美味。

　　本書中所提及的麵包，多半是使用新鮮酵母來製作，
只要能確實地遵守發酵時間等步驟，就可以製作出麵包店常見
的正統麵包。因此，為能讓大家能確實地操作，本書中加入了
豐富的照片及親切易懂的解說。光是揉搓奶油捲的步驟圖解
就有72張，可頌麵包的製作，僅只是作業照片就有136張，
所以在自己實際進行製作時，就可以精確地比對照片中的
狀態。

材料及器具方面，最近開始有了許多麵包、糕點製作相關的專賣店。另外，即使這些專賣店不在自己家附近，也可利用網路購得。若本書中，有無法購得的材料時，請利用網路通信來試試看。

在麵包製作上，最重要的就是熟知作業內容及狀態。這也是最困難的部份。當然，製作出的麵包也會因人而異，但如果參考本書完成的麵包，能夠滿足各位讀者的需求，將會是我內心最大的快樂與期盼。

坂本里香

Contents

前言……2

第1章
麵包製作的基礎知識

預備知識①
麵包製作前必須熟知的事情 ……10

預備知識②
麵包製作時應備齊之材料 ……12

預備知識③
麵包製作時的各種器具 ……14

預備知識④
接著，開始麵包的製作囉！ ……16

麵包製作的基本步驟①
揉和 ……18

麵包製作的基本步驟②
發酵 ……22

麵包製作的基本步驟③
分割&滾圓&中間發酵 ……24

麵包製作的基本步驟④
整型 ……26

麵包製作的基本步驟⑤
最後發酵 ……28

麵包製作的基本步驟⑥
烤焙 ……30

第2章
熟練基本型的麵包製作

COLUMN
溯古至今的麵包之路 ⋯⋯34

奶油捲 ⋯⋯35
Butter Roll

山形吐司 ⋯⋯43
White pan bread

可頌麵包 ⋯⋯51
Croissants

Arrange
奶油烘餅 Kouign Amann ／
方型巧克力可頌 Pain au chocolat ⋯⋯62

麵包物語＋ ①
Boulangerie與Viennoiserrie的關係 ⋯⋯64

Contents

第3章
製作人氣麵包

COLUMN
依麵包麵糰來區分使用的酵母就是要訣！⋯⋯66

哈密瓜麵包 Melon Roll ⋯⋯67
司康 Scone ⋯⋯75

Arrange
蔓越莓司康／
南瓜司康 ⋯⋯78

全麥麵包 Graham Bread ⋯⋯81

貝果 Bagel ⋯⋯89

Arrange
菠菜貝果 ⋯⋯94
核桃貝果 ⋯⋯95
藍莓貝果 ⋯⋯96
蕃茄貝果 ⋯⋯97

德國黑麥麵包 Schweizerbrötchen ⋯⋯99

肉桂捲 Cinnamon Roll ⋯⋯103

Arrange
葡萄肉桂麵包 ⋯⋯109

調理麵包 Curry bread、Tuna &
Corn bread、Pizza bread ⋯⋯111

核桃葡萄乾麵包 Walnut & Raisin roll ⋯⋯123

3種甜味捲 Sweet Roll ⋯⋯129

麵包物語＋ ①

熟知市售的速溶乾酵母 ……74

最適合搭配司康！挑戰手製草莓果醬！ ……80

熟練地記住麵包的正確切分方法 ……88

三明治貝果的美味搭配 ……98

探索麵包與材料間的關係 ……110

單純且美味！傳授麵包粉的製作方法 ……122

爲何麵包製作使用的是高筋麵粉呢? ……128

繪本中出現的麵包 ……138

第4章
想要挑戰一次
試作看看的麵包

COLUMN

因爲口味單純而更加困難的硬式麵包 ……140

法國麵包 Pain traditionnel ……141

Arrange

培根麥穗麵包／法式起司麵包 ……146

皮力歐許 Brioche ……149

Arrange

慕斯林皮力歐許 Brioche mousseline／

保斯寶克 Bostock ……154

法國鄉村麵包 Pain de campagne ……157

4種丹麥麵包 Danish Pastry ……165

丹麥麵包的變化組合 ……175

芝麻圈麵包 Simit ……179

黑麥麵包 Pain de seigle ……185

巧巴達 Ciabatta ……191

布雷結 Brezel ……195

麵包物語＋ ①

硬式麵包之真髓！深入解析法國麵包 ……148

奢侈的麵包、全面解析皮力歐許 ……156

發酵時間及發酵種的必要性 ……164

關於可以縮短揉和作業的攪拌機 ……184

記住割劃紋路的方法，

就可以完成漂亮的麵包！ ……190

麵包用語集 ……200

製作布雷結前的注意要點 ……206

成功製作麵包的3大要件 ……207

本書中的規格

- 本書中，新鮮酵母及速溶乾酵母雖然加以區隔使用，但使用新鮮酵母的作法中
  也可以替換用速溶乾酵母來製作。
  這個時候請參考作法中括號內的用量。
  作法中未記載者，表示這是建議讀者使用新鮮酵母來製作的麵包。

- 製作的難易度以★來標示。★代表…初級、★★代表…中級、★★★代表…高級。

- 粉類的種類(商品名)並無特定，但若有建議使用的種類，會註記在括號內。

- 奶油只要沒有特別標示，就是使用無鹽奶油。

- 各作法中記載的所需時間、發酵時間以及烤箱的溫度等，僅供參考。
  因會隨著季節及室溫而有所改變，所以請視狀況而加以調整。

- 烤箱的性能也會隨機種的不同而有所差異，所以請配合作法中的烤焙時間，再進行溫度的調整。

編註：

- 日本吐司以"斤"為單位，不是台斤或公斤而是指英斤，僅使用在麵包的計量，1斤通常是400g左右。日本
  規定，市售1斤的麵包不得低於340g。用在吐司模型上，各廠牌可能有微幅差異，請確認份量後製作。

- 高筋麵粉Camellia (山茶花)、高筋麵粉Super King(日清特高筋)、LYS D'OR(百合花法國粉)、France (法國
  小麥法國粉)。

- 即使同樣是高筋麵粉，也有各式各樣的商品。本書中配方是最適合該項麵包的高筋麵粉種類，但如果沒有
  辦法買到時，請以蛋白質含量相仿的高筋麵粉來代替即可。蛋白質含量都會記載在外包裝上。

第 1 章 麵包製作的基礎知識

預備知識 ①

麵包製作前必須熟知的事情

針對開始製作麵包前的為何？為什麼？的解答

為了解決疑問，先在此確認麵包製作的基本知識吧。

「雖然想自製麵包，但不知道該從何著手……」。

簡單的小問題 ①

能烤焙出什麼樣的麵包呢？

先了解所要製作麵包的特色吧

不管哪一種麵包，基本的作業流程都是相同的。只是依麵包的不同，揉和及發酵的時間也各不相同。在開始製作之前必須先好好地了解參考配方，確認至麵包完成之前的所有流程，才能順利地進行製作。

想儘可能在短時間內完成！

司康、貝果、披薩麵包等，是較短時間內可完成的麵包。時間不夠又立即要製作時，建議大家可以試試這些麵包。

想與正餐一同食用！

吐司、奶油捲以及法國麵包等單純的風味，最適合用餐時享用。也可單以咖哩麵包或調理麵包來代替餐點。

想試著製作甜點般的麵包！

可以代替點心的甜麵包，除了基本材料之外，還需要較多的砂糖及雞蛋等材料。因此確實地揉和是非常必要的。

想要挑戰稍稍困難的麵包！

本書當中難易度較高的，是像法國麵包等，硬式且風味單純的麵包。製作上需要較長的時間，揉和、烤焙的時間拿捏較為困難。

簡單的小問題 ②

大概要花多少時間呢？

烤焙 10～12分鐘
揉和 30分鐘
最後發酵 60分鐘
例如奶油捲所需時間 約為3小時
發酵 50分鐘
整型 10分鐘
分割&滾圓&中間發酵 25分鐘

最主要的目的是爲了確實地引發酵母產生作用

麵包的製作，是重覆著揉和、發酵，加入力量使其再度發酵。發酵的時間，會依麵包種類而有不同的溫度和時間需求，這也是不能省略的步驟。

究竟麵包與糕點有何不同？

製作麵包的概略流程

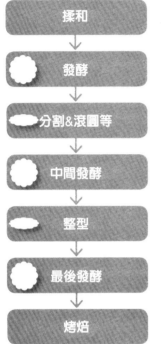

- 揉和
  ↓
- 發酵
  ↓
- 分割&滾圓等
  ↓
- 中間發酵
  ↓
- 整型
  ↓
- 最後發酵
  ↓
- 烤焙

麵包要必須要有發酵時間

麵包與糕點最大的不同之處，就是糕點中沒有添加酵母。因為使用酵母，所以麵包必須要有發酵時間。如果沒有確保應有的發酵時間，則酵母無法在麵糰中確實發揮作用，製作出來的麵包就會有著酵母特有的味道。發酵，是製作麵包時不可或缺的主要軸心作業。

只有麵包才用的特殊材料

酵母
被稱為釀酒酵母(Saccharomyces cerevisiae)的菌種就是酵母的原形。當酵母在麵糰內產生發酵作用就可以讓麵包膨脹起來。

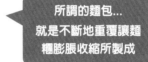

將麵糰膨脹的作業

將麵糰收縮的作業

所謂的麵包...就是不斷地重覆讓麵糰膨脹收縮所製成

糕點
需要較多的材料，也有各種分類。一般是以形狀來區分，但其中也有以種類細分。

麵包
雖然只用粉類、水、鹽和酵母等材料種類較少，但因需要的發酵時間，所以製作上需要較長的時間。

不需要特別的材料及器具嗎？

這就是必備最低限度的製作環境！

烤焙用烤箱
雖然有電烤箱及瓦斯烤箱兩種，但一般使用的是電烤箱。因廠商不同而烤焙情況也會有所不同。

揉和麵糰的工作檯
在製作麵包麵糰時，需要有揉和及整型麵糰時所需的空間。40cm×40cm以上的工作檯是最適合的。

可調節溫度之空調
酵母的溫度變化是極為敏感的。可立即調節溫度的空調環境，最適合麵包的製作。

不需要特別的材料或器具！

基本上，只要在麵粉中加入水、鹽以及酵母，即可製作麵包。雖然也會因麵包的不同而有其他材料的需求，但大部份的麵包都僅只需基本材料和少許的副材料即可製作。

實際上還需要準備的東西，在下頁進行確認吧！

麵包製作的基礎知識

麵包製作前必須熟知的事情

麵包製作時應備齊之
材料

麵粉、水、鹽以及酵母，這4種是麵包的基本材料。
其餘再加入的奶油、雞蛋、脫脂奶粉等材料，
會使麵包風味產生更多豐富的變化。

基本的材料

1 高筋麵粉

是蛋白質含量較多的麵粉。會因小麥的產地和小麥的品種而有各式各樣的種類。

2 酵母

以酵素、水和糖等為養份增殖的菌類。新鮮酵母及速溶乾酵母是最主要使用的2種。

3 鹽

可以提升粉類的風味,使麵糰緊實而更有筋性。本書中使用的是精鹽。

4 砂糖

是酵母的養份,有助於發酵作用。所以含有較多砂糖的麵包,在完成時會更柔軟膨鬆。

5 奶油

可以增加麵糰的展延性,烤焙後會更增添其特有的風味。用於麵包製作時,不使用有鹽奶油而是採用無鹽奶油。

6 雞蛋

可以保有麵糰中的水份,營造出潤澤的口感。也常刷塗在完成麵糰的表面,增加光澤。

7 低筋麵粉

相較於高筋麵粉,其蛋白質的含量較低。想要完成酥脆口感的麵包時,會與高筋麵粉一起混用。

8 脫脂奶粉

(Skimmed Milk)為使烤焙色澤更鮮艷,味道更香時使用。比牛奶更能持久保存且容易處理。

9 起酥油

想要讓麵包有更輕盈口感時使用。也會塗抹在模型或攪拌盆中以防麵糰沾黏。

10 水

將所有的材料混拌時所不可或缺的。也是最簡單可以調節溫度的材料。

除此之外,也希望能準備這些材料

經常使用的材料

麥芽糖漿
由麥芽糖所熬煮出的液體。僅使用極少量以促進不含糖麵糰的發酵作用。

牛奶
乳糖會使麵包烤焙顏色更加鮮明。也會讓麵糰更加柔軟產生特有的香氣。

肉桂粉
用在添加較多砂糖的麵糰時,可以更引出甜味增添風味。是肉桂捲所不可少的材料。

粉類

黑麥粉
黑麥製成的粉類。因形成麩質的物質較少,所以在製作麵包時必須與高筋麵粉混拌使用。

全粒粉
包含了小麥全部的表皮、胚乳及胚芽製成的麵粉。與黑麥粉一樣使用時必須與高筋麵粉混拌使用。

葡萄乾
在乾燥水果當中是使用頻率最高的。也經常浸泡蘭姆酒後使用。

核桃
混拌於麵糰中或當成搭配材料來使用。有特殊香氣口感也很好。

杏仁粉
將杏仁果研磨成粉狀。主要用於杏仁奶油等材料中。

完成時使用的材料

風凍
以砂糖、水以及麥芽糖等揉和而成的。將其還原成糖漿後,用刷子刷塗在麵包的表面。

杏桃果醬
將果醬與果醬20%的水份一起熬煮,完成後可以刷塗在甜麵包的表面。

推薦商店

富澤商店
http://shop.tomizawa.co.jp/

麵包製作所需的材料齊全。特別是高筋麵粉的種類很多,國內外的各式產品種類豐富。也有販售解凍整型後即可烤焙成麵包的冷凍麵糰。

推薦商店

Baking days
http://bakingdays.cuoca.com

除了有高筋麵粉、酵母粉等麵包製作的必備材料之外,也有販賣模型、包裝材料等器具。日本國內運費單一價,購買金額8000日圓以上時免運費。

Column

也可以在網路上購得材料

麵包的材料可以在超市、糕餅材料行買到。如果附近沒有這樣的店家或買不到想要的材料時,也可以利用網路訂購方式購得。

麵包製作時的各種器具

即使麵包是用手來揉和，但在某個程度上仍是需要一些用具的。
話雖如此，其實也都是廚房裡應有的用具，
所以只要將沒有的用具備齊即可。

擀麵棍
整型時，用於將麵糰擀壓成均勻的厚度。木製稍具重量，長度約30～40cm是最方便使用的長度。

刮板
直線的部份，是用來切割麵糰或材料。弧形的部份，是用來刮取沾黏在攪拌盆或工作檯上的麵屑。

攪拌器
用於溶解酵母或是製作奶油餡時的攪拌。

磅秤
建議使用以1g為量測單位的數位電子磅秤。用於計量材料及切分材料時。

製作麵糰時的必備器具

溫度計
可以量測麵糰的溫度及室溫。除了玻璃棒的溫度計之外，還有包覆不鏽鋼外殼的溫度計。

橡皮刮板
用於煮卡士達奶油餡或杏桃果醬等。最好選擇具耐熱性的材質。

攪拌盆
材料的量測或混拌、發酵等，有多項用途。大、中、小各種尺寸都有會更方便運用。

量匙
是正確量測材料時所不可或缺的工具。有整套的大量匙、小量匙及平整量匙用的專用刮杓。

其餘應準備的用品

發酵布
製作硬式麵包，在麵糰最後發酵靜置時使用。如果沒有這樣的專用布，也可用質地較厚的布，或一般製作糕點料理時常用的布來代替。

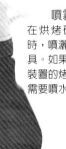

毛刷
在麵糰表面刷塗蛋液、完成時刷塗果醬或風凍時的必備用具。

噴霧器
在烘烤硬式麵包時，噴灑水份的器具。如果是有蒸氣裝置的烤箱，則不需要噴水。

烤盤紙
在烤焙麵包時，舖放在烤盤和麵糰之間。可以清洗重覆使用的烤盤墊會比較方便。

割紋刀
在最後發酵的麵糰上，劃出割紋的刀子。如果沒有的話，也可以用乾淨的美工刀代替。

整型時使用的模型或藤模

切割模
用於分切擀壓後的麵糰。除了圓形切模之外，也有方形的。

皮力歐許模
皮力歐許麵糰整型時使用的烤模。圓筒形的模型也稱之為「慕思寧(Mousseline)」

吐司模(1斤)
有1斤、1.5斤、3斤等。如果準備的是附蓋子的吐司模，則可同時運用於方型吐司和山型吐司。（請見P.8編註）

發酵藤模
主要用於黑麥麵包的最後發酵。在模型內側撒上粉類後使用。

建議使用這個！

選用沒有塗料加工過約2～4cm的木板，架放在鐵架上就成了麵包工作檯了。

沒有空間場地時

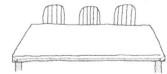

在餐桌舖上稍厚的塑膠墊之後，就是簡易的麵包工作檯了。專用的麵包墊有分很多種類，必須要準備尺寸稍大一點的。

Column

麵包揉和要用什麼樣的工作檯比較好呢？

用自己的方法，為自己找出製作的空間
揉和麵包時，至少必須要準備40cm正方形的工作檯。廚房太過狹窄而無法確保使用空間時，也可以在瓦斯爐表面覆上蓋板製作出空間，試著用自己的巧思尋找出可用的環境吧。

預備知識 **4**

接著，開始麵包的製作囉！

在確認過材料及用具之後，接著就要開始製作麵包了！
在這之前，先學會麵包的製作方法，
再開始著手準備材料的量秤。

> 在這之前　**先學習關於麵包的製作方法吧**

開始時建議採用直接法

麵包的製作方法，大致可以分成兩種。首先是從揉和材料至烤焙的所有作業，一次完成的直接法。其次是先將部份材料預先製作發酵麵糰，再次進行揉和作業的發酵種法。只是直接法當中，也有像可頌及丹麥麵包製作方法般的過夜法，就是揉和麵糰之後，放入冰箱中冰涼靜置一夜的方法，至麵包完成需要花2天的時間。

初學者，由直接法開始麵包的製作，降低失敗率！

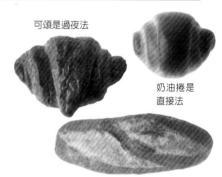

可頌是過夜法

奶油捲是直接法

法國麵包是發酵種法

只要1天就可以完成的麵包

**奶油捲、甜味捲、肉桂捲、吐司、
德國黑麥麵包、貝果等**

| 製作方法 | 直接法 |

主要流程

揉和
↓
發酵
↓
分割&滾圓
↓
中間發酵　　1day
↓
整型
↓
最後發酵
↓
烤焙

麵包製作初學者由此開始

混拌材料後揉和、發酵、整型、最後發酵、烤焙，一次就可以完成的方法。因為作業簡單，所以適合初學者。可以提引出小麥的風味，相較於發酵種法，所需時間較短是其特徵。在習慣麵包的製作之前，以這樣的方法製作麵包，就可以漸漸地抓住麵包製作的流程了。

> **例外** 過夜法
>
> 可頌及丹麥麵包等奶油較多的麵糰，是採用折疊法。製作方法雖然也屬於直接法，但是進行揉和麵糰、發酵至排氣為止，接下來冰鎮一夜後會較容易進行接下來的作業，所以實際上至烤焙完成，是需要2天的時間。

至少需要2天以上才能完成的麵包

**法國麵包、法國鄉村麵包、巧巴達、
黑麥麵包、核桃葡萄乾麵包等**

| 製作方法 | 發酵種法 |

主要流程

前一天　　　當天

揉和　　　　揉和
↓　　　　　↓
發酵　　　　發酵
　　　　　　↓
因為發酵種發酵需要10個小時以上，所以次日才會進行至烤焙作業。
　　　　分割&滾圓
　　　　　↓
　　　　中間發酵
　　　　　↓
　　　　整型
　　　　　↓
　　　　最後發酵
　　　　　↓
　　　　烤焙

麵糰確實地使其揉和成糰狀

部份的材料在前一天先製作發酵種，當天再加入其餘的材料揉和，再進行烤焙的方法。也有像天然酵母般地培養空氣中散布的菌種，以製作發酵種的方法。發酵是分兩次來進行，粉類和水分子能確實緊密地結合，並充份地烤焙，成品可以保存較多天。

> **例外** 中種法
>
> 將材料中大部份的粉類、酵母及水混拌製作的方法，稱之為中種法，這也屬於發酵種法。除此之外，也有加糖中種法。兩種方法的發酵種都是1～4小時可以完成，所以是可以在當天完成製作的麵包。

接著就要製作麵包！先開始準備吧！

清潔工作檯，計量時連1g都必須力求精準

在開始計量麵包的材料前，必須先將工作檯的表面及周邊整理乾淨。計量秤重時，會將材料放置在工作檯上，放置至回復至室溫後才開始進行。計量時若能使用電子磅秤的話，可以更正確地進行計量作業。

① 確認製作配方

材料（山型吐司1斤）
高筋麵粉 … 250g
(super king)
砂糖 … 13g
鹽 … 5g
脫脂奶粉 … 5g
起酥油 … 8g
新鮮酵母 … 5g
(使用速溶乾酵母時2g)
水 … 175g

材料回復至室溫
在開始量秤之前的1個鐘頭，就先將材料放置使其回復常溫。特別是牛奶及奶油若是在冰涼狀態下，會影響發酵的狀況。

清潔工作檯
用乾淨的濕布將工作檯擦乾淨。容易打翻的物品不要放置在工作檯周邊。

② 計量

計量工具就是這些

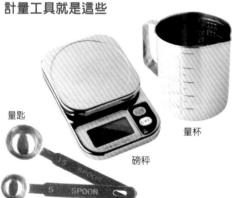

量匙

量杯

磅秤

計量時若能連容器一起量測會比較輕鬆
只有電子磅秤才有的「標示0」的機能，可以將容器扣除重量後計量。

以保鮮膜包覆脫脂奶粉
脫脂奶粉一旦吸收了濕氣就會變硬，所以計量後立刻以保鮮膜包覆。

水在量測後調整成適溫

將水溫調節成酵母作用最活躍的20～40℃之間。

適溫 20～40℃
盛夏時用自來水即可
隆冬時約需調整成35～40℃
NG 40℃以上、4℃以下

量測以量匙標示的材料

未滿小量匙1匙時
例 測量1g速溶乾酵母時

刮平量匙的刮杓

用於刮平量匙時
在使用1匙大量匙或小量匙時，要先用刮杓刮平表面。

將小量匙1匙的份量放入容器中。小量匙1匙的份量大約是3g，所以將放入容器內的酵母等分成3等分即可。

從下頁開始進入揉和作業

麵包製作的基礎知識

接著，開始麵包的製作囉！

①

揉和

混合揉和材料，
使麵粉內的麩質成形是揉和的目的。
在本書中推薦兩種揉和的方法。

**彷彿要排放出酵母所產生的氣體般，不斷地進行
強化麩質網狀結構的動作**

　　計量結束後，將材料混合至攪拌盆中混拌。當材料
混拌至稍成糰狀時，將麵糰移至工作檯上，繼續揉和
麵糰全體至呈現均勻的硬度。之後才真正進入揉和麵糰
的作業。

　　揉和可以使麵糰呈均勻的硬度，當麵糰內的蛋白質
強化之後，就產生了網狀結構的膜。這個網狀結構就
稱之為麩質，揉和作業的最後確認動作，就是確認部份
麵糰展延後所產生麩質網狀結構。

　　揉和時間會因麵包種類而不同。像是軟質麵包就必
須花較多時間揉和，而硬式單純的麵包，就不太需要
揉和而用較長的時間進行發酵。麩質網狀結構的狀態也
會因麵包而有所不同，所以一邊仔細確認一邊進行揉和
作業是非常重要的。

揉和作業的重點

揉和作業的重點

① 確認麩質網狀結構的狀態

在揉和麵糰時，隨時仔細地確認麩質的網狀
結構是非常重要的。邊比對本書邊確認最終
完成的麩質狀態，能如書本的照片般。

② 搓揉至麵糰合而為一

在攪拌盆中混合材料後，先不拍打麵糰地將
其放置在工作檯上，揉和至整體的硬度相同
後，仍繼續揉搓。如此才能順利地揉和
麵糰。

③ 不要僅搓揉同一方向

揉和作業最重要的，是要不斷地變化揉搓的
角度，使麵糰能完全沒有遺漏地揉和。麩質
是網狀結構的組織，所以必須多方向地用力
揉和麵糰。

將材料混合為一

在混合材料時，高筋麵粉、鹽、砂糖等粉類先在攪拌盆中拌合，並在另一個攪拌盆放入水及酵母混拌。最後再混合至一個攪拌盆中，混拌均勻。

將粉類放入同一個攪拌盆中

製作麵包時，因為粉類是最主要的材料，所以可用稍大一點的攪拌盆來混拌。最後再將所有的材料集中放入這個攪拌盆中。

將新鮮酵母溶解至水中

新鮮酵母先放入水中一起攪拌至溶化。使用速溶乾酵母時，則可以一起加入粉類的攪拌盆中。

將所有的材料混拌至同一個攪拌盆中

在攪拌盆中混拌

在混拌所有的材料時，並不是要使用整隻手掌，而是要用指尖以畫圓的方式混拌。如此就不會有太多材料沾黏在手掌上，又可以順利地完成混拌。

指尖以順時針方向，將攪拌盆內的材料混拌至水分完全被吸收。

使用指尖以畫圓般拌勻材料

在工作檯上搓揉

將大致成為麵糰的材料移至工作檯上，繼續進行混拌。邊上下左右地搓動麵糰，邊以推壓般地進行搓揉就是要訣。待搓揉至全體硬度均勻且沒有硬塊時，就表示完成作業了。

將麵糰移至工作檯上後，用刮板將沾黏在手上的麵糰仔細地全部刮落。

同樣地沾黏在攪拌盆上的麵糰也用刮板刮落後揉進麵糰中。

當麵糰的顏色及硬度大致相同時，用刮板將沾黏在手上及工作檯上的麵糰乾淨地刮落下來。接著再繼續進行揉和作業。

交互地上下動作，邊推拉麵糰邊進行搓揉。麵糰種類不同時觸感也會有所不同。

以兩手拿著麵糰，一手朝另一手朝下地動作。彷彿要將麵糰推壓在工作檯上地搓揉。

2種揉和的方法

較硬的麵糰以推壓方式揉和

揉和較硬的麵糰時,可以用這種方法來進行作業。沾黏在工作檯時則輕敲麵糰地揉和。利用手掌根部,由自己的方向往前滑動般地轉動麵糰是其重點。

將移至工作檯上的麵糰,對折般地往自己的方向折疊。

麵糰推壓至自己身前時,將折疊起來的位置用手掌根部按壓。

邊在工作檯上推壓麵糰,邊將麵糰推滑至外側。使麵糰收口處漸漸轉而朝上,是最佳的狀態。

將麵糰方向旋轉90度,如上述般地將麵糰對折,並同樣地進行揉和。在規定的時間內重覆進行這些動作

進行中必須刮落沾黏在手上的麵糰

在進行揉和作業時麵糰會沾黏在手上,所以在進行中必須以刮板將沾黏在手上的麵糰乾淨地刮落後,再繼續進行作業。

如果將刮除的麵糰丟棄,則會影響到最後麵包的份量。

較軟的麵糰以摔打方式揉和

這種揉和方式是可以運用於本書中所有的麵包製作麵糰。特別適合用於奶油、砂糖等副材料比例較高時,必須充分揉和的麵糰。

將手指插入麵糰底部地拿起。這個時候如果以整個手掌抓拿麵糰,會沾黏在手上而無法順利地進行麵糰的摔打,因此必須特別留心。

直接將麵糰翻面,使下端摔打在工作檯上。

將上方手拿的部份折疊覆蓋在麵糰上方,並放手不再抓拿麵糰。雖然在剛開始揉和時很容易沾黏,但也不可以撒上手粉。

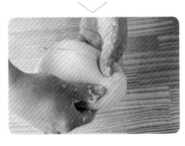

以上的摔打揉和作業必須在規定時間內不斷重覆進行。進行第2次時,利用手指斜插至底部提舉麵糰,來改變麵糰的方向,以進行多方向的摔打揉和作業。

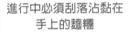

完成揉和作業時，就可以清楚地看到麩質網狀結構了

麵粉和水混拌揉和後，就會產生麩質網狀結構的組織。這個網狀結構是由酵母進行發酵作用時，所釋放出的二氧化碳被保留並膨脹而成的。要揉和至什麼樣的狀態，是由確認麩質網狀結構來決定。

麩質網狀結構的確認方法

切下部份麵糰

要用力拉扯地撕下麵糰。以刮板切下部份麵糰。不

切下的麵糰向上下左右方向緩緩地展延推開

須緩慢且謹慎地動作。利用指尖，將麵糰朝上下左右的方向推展。必推展後的麵皮會越來越

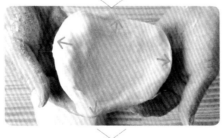

薄，進而開始可以看見麩質的網狀結構組織。

如果是透明可見時，表示揉和作業已經完成了

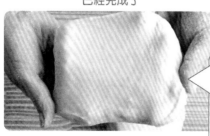

就是揉和不足的證明。展過程中就斷裂破損時，麩質網狀薄膜。如果在推可以隱約地看見筋絡般的

> **麩質網狀結溝的狀態依麵包而異**
>
> 揉和完成時可以看見麩質網狀結構的狀態，會依麵包的種類而不同。

當揉和作業完畢時...

量測揉和完成時的溫度

確認量測揉和完成時的麵糰溫度。如照片般地直接將溫度計插入麵糰中，以量測麵糰溫度。溫度在24～30℃時，就可以進入發酵的步驟了。

> **相較於揉和完成時的溫度更低或更高時**
>
> 揉和完成的溫度比最佳狀況更低時，發酵時間必須比預定再稍長一些。相反地，揉和完成時的溫度過高時，就得縮短發酵時間。此外，相較於最佳揉和完成的溫度差在2℃前後時，因為對麵包的完成不會有太大的影響，所以不需要太過緊張。
>
> **方法1** 溫度過低時
> 如果溫度在20℃以下時，發酵時間必須再多10～20分鐘。邊確認狀況邊掌握最佳狀態(請參照P.23)
>
> **方法2** 溫度過高時
> 揉和時，溫度超過30℃以上的狀況基本上很少見，但如果溫度過高時，最初的發酵就以室溫來進行。

加入了奶油或起酥油時...

往P.19

先將麵糰攤平後，將油脂類放置在方型麵糰的中央並包覆住油脂。包覆了油脂類的麵糰與P.19「在工作檯上搓揉」般同樣地搓揉。在規定的時間內重覆揉和至麩質網狀結構呈現最佳狀態。

發酵

因酵母菌的活動而產生的副產品
在麵糰中產生了膨脹的效果，就稱之發酵。

發酵作業中，大前提是
必須提供酵母菌能活躍作用的環境

　　酵母即是指麵包酵母。酵母加入麵包麵糰中，
會攝取麵糰中所含的蔗糖及澱粉質，而產生二氧化碳及
香味的成份。這些成份進入麩質組織中，使麵糰膨脹的
過程就稱之為發酵。

　　發酵能否順利地進行，與溫度管理息息相關。酵母
在溫度28～40℃、濕度70～80％的環境中，活動力最
為活躍。發酵作業時，必須將溫度控制管理在這個
範圍內，並注意乾燥問題。

　　最近的烤箱當中，也有兼具有發酵功能的烤箱。
這樣對於初學者而言，可以更正確方便控管。如果烤箱
不具發酵功能時，在最接近規定溫度的地點，將麵糰覆
蓋上保鮮膜等，防止麵糰乾燥地進行發酵管理。

發酵作業的重點
揉和作業的重點

❶ 放置在較麵糰大約2～3倍的攪拌盆裡
因麵糰發酵後，會較原麵糰大約1.5至2倍，
所以必須放在較大的攪拌盆中進行發酵。
在攪拌盆內側塗抹上油脂類，使麵糰不致
沾黏在攪拌盆內，同時為避免乾燥地覆蓋上
保鮮膜。

❷ 正確地設定溫度及時間
本書中依麵包的屬性，提供了最容易製作成
功的數據。製作麵包初學者初期能依書中配
方來進行最不會失敗。

❸ 找尋最適合發酵的地點
如果烤箱具有發酵功能，最便於運用。但如
果有烤箱但卻不具發酵功能時，就試著找出
最接近發酵環境條件的地點。

發酵的分辨判別法

不要忘了確認麵糰的膨脹及手指測試

正常地進行發酵的話，麵糰會由發酵前的大小膨脹至1.5～2倍。再試著用手指插入麵糰，如果麵糰不會往內縮地而能維持凹洞，表示正確地完成發酵作業了。

比較麵糰發酵前後的大小

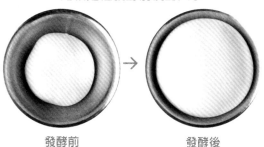

發酵前　　　　　　　發酵後

以手指測試來分辨判別

經過了規定的發酵時間後，將手指沾裹上麵粉，試著將手指插入發酵的麵糰中。

手指凹洞立刻被麵糰填滿	手指凹洞幾乎維持原狀	麵糰完全陷下而沒有回復
發酵不足	發酵正常	過度發酵
再包覆上保鮮膜在同樣溫度下放置10分鐘。之後仍發酵不足時，接著再繼續發酵10分鐘，視其狀況。	手指凹洞維持原狀或麵糰僅只回復10％～20％時，即為正常發酵完成的證明。可以移動並開始下個作業流程。	麵糰完全陷下，表面出現氣泡時，即是發酵過度了。因為無法重來，所以明知成品狀況不佳也只能繼續進行下個步驟。

最適合發酵的地方？

最好是在25℃以下且不過於乾燥的地方

除了家庭用的發酵機器之外，利用烤箱的發酵功能來進行發酵管理也是一個方法。如果烤箱沒有發酵功能的話，可以下點工夫，利用保麗龍箱子或餐具等來進行。

主要的發酵地點

利用烤箱發酵功能
能夠設度溫度及時間的烤箱發酵功能，是非常方便的。只是廠商不同，有些廠牌無法進行精細的溫度設定。

利用保麗龍箱
在保麗龍箱或餐具當中放滿40～50℃的熱水，將裝有麵糰的攪拌盆放入並蓋上蓋子。

利用凸窗或浴室
在太陽不會直接照射的凸窗或是溫暖的浴室、火爐桌的角落等，只要是溫暖且不會過於乾燥的地方就可以了。

壓平排氣的方法

將麵糰內的氣體排出的作業

排出在發酵過程中，麵糰內所產生的二氧化碳作業。進行排氣作業，是要整合零落疏散的二氧化碳，在二次發酵時可以讓麵糰更為膨脹。也有些麵糰是不需要這個步驟的。

① 將發酵完成的麵糰放在撒著手粉的工作檯上，以手掌由中心向外地輕輕推壓開。

② 由左右兩端各向中央折疊，接著上下兩端也同樣地疊放後，將交疊面朝下。移至攪拌盆內再次進行發酵。

分割&滾圓&中間發酵

為了整型時能更容易進行，因此預先將麵糰切分，
並稍稍靜置使麵糰回復其彈性。

為順利進行整型作業，
絕不能省略的一項步驟

　　雖然發酵完成後，就要開始進行整型作業了，但在這之前還有一道手續，就是分割&滾圓及中間發酵。所謂分割，誠如其名地就是切分麵糰。為使後面的整型作業更順暢簡單，因此將切分後的麵糰滾成圓形。但並不只是滾圓而已，還必須提高麩質網狀結構的強度。因此必須在工作檯上推壓麵糰，拉開表面張力使其滾圓。

　　滾圓後的麵糰如果立刻進入整型作業時，會因表面張力過大，以擀麵棍擀壓時會立刻捲縮起來。所以在此必須再稍稍靜置一段時間，使麵糰能再稍稍膨脹。這項作業就稱之為中間發酵。在中間發酵時也必須避免麵糰的乾燥問題。

分割&滾圓&中間發酵
作業的重點

1 快速地進行分割

分割可用刮板或切麵刀來進行。在分割麵糰時，必須能快速整齊地切割。不可以拉扯到麵糰。

2 藉著滾圓來加強麵糰的表面張力

滾圓的作業也必須和分割一樣地迅速進行。以手掌包覆麵糰，在工作檯上邊推壓邊轉動麵糰。至表面呈光滑狀為止。

3 中間發酵必須避免乾燥

滾圓完成後，讓麵糰靜置在工作檯上約10～15分鐘。即使是短時間也會使麵糰內的水份被蒸發掉，所以在處理稍硬的麵糰時務必要用較大的塑膠袋包覆。

分割成40g左右的大小時，以旋渦狀方式將麵糰切成長條狀，會比較容易進行分割。以磅秤確認分割的麵糰是否為預定的重量

分割時"迅速進行"是鐵律

使用刮板或切麵切就可以順利進行

分割時必須迅速地進行。一旦撕扯到麵糰時，會破壞好不容易才形成的麩質網狀結構，而無法製成細緻柔軟的麵包。利用刮板或切麵刀等，一口氣迅速地分切就是要領。

若剩下的麵糰不到規定份量的一半時(若規定為80g而剩不到40g)，將剩餘麵糰等切分成分割的數量並加入其中。若剩餘的分量大於半量時，則整型成較小的麵糰即可。

如果有剩餘的麵糰時...

1 如果切分成12個等分時，將剩下的麵糰也均分為12等分。

2 分切成12份的剩餘麵糰加入原先切好的麵糰中，在接下來的滾圓時加入。

滾圓麵糰的方法

利用手的轉動來進行滾圓作業

麵糰的滾圓，依大小不同方法也各不相同。小麵糰用單手的手掌握住，在工作檯上以逆時針方式推壓轉動。大的麵糰則用兩手從離自己較遠的方向往向自己的身前拉進行滾圓。

大麵糰

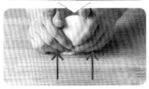

用兩手拿著麵糰，以手指將麵糰稍稍夾在工作檯上。保持這樣的姿勢由距自己較遠的方向拉向自己的身前。推拉至自己身前，再改變方向轉動90度，向外推壓，接著同樣轉動方向再推向身前，如此重覆3～4次。

NG 麵糰的表面張力

如右邊照片般麵糰表面凹凸不平，就是滾圓作業不足的證據

小麵糰

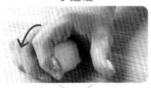

以手掌包覆住麵糰。讓麵糰稍稍夾在手與工作檯之間，使麵糰在以逆時針轉動之同時，能稍稍擦壓在工作檯上。如此轉動進行3～4次，最後握住麵糰的內側。只是過度滾動後，麵糰會產生黏性，必須多加留意。

難以滾成圓形時

1 將麵糰稍稍向左右拉開。

2 將麵糰的兩端朝下並使兩端貼合。改變方向轉動90度，與①同樣也拉開麵糰。

3 拉開的麵糰同樣向下貼合。翻轉麵糰用手指捏緊底部接合處。

中間發酵的心得

中間發酵與發酵不同

中間發酵與發酵不同，目的是在短時間使麵糰鬆弛。請務必注意放置時間不可過長。

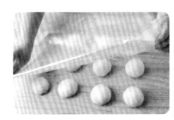

所有麵糰必須用可以完全覆蓋麵糰的塑膠袋覆蓋住

整型

決定麵包風貌的作業就是整型。
最重要的就是要正確地使用擀麵棍並儘速地進行。

儘速地整型，
讓麵糰形成飽滿漂亮的表面

所謂的整型，就是將麵糰整理成最後看到的麵包形狀。整型的形狀，可以說就如同麵包種類般地多彩多姿。即使是同樣的麵糰，只要形狀改變了，麵糰中的結構口感也會因而不同，所以這也可說是製作麵包的一大樂趣。

整型時，確實地讓麵糰形成漂亮飽滿的表面是很重要的。藉由這樣的動作，才能烤焙成膨鬆的麵包。另外，像可頌般的折疊麵糰，如果麵糰中的奶油融化出來，形成可頌層層酥鬆的口感也會因而消失，所以儘速地作業是非常重要的。

為能順利地進行整型，在此先記住擀麵棍的用法吧。整型完成後，麵糰的收口處也不要忘了確實地使其接合。

整型
作業的重點

① 靈巧的擀麵棍用法
在整型時大部份都會使用擀麵棍。為了能儘速地進行整型作業，先學會靈巧地使用擀麵棍也是很重要的。

② 麵糰收口處使其確實地貼合
當捲起麵糰或折疊麵糰時，產生麵糰與麵糰的收口處要能使其緊密地貼合，這樣才能烤焙出膨起脹大的麵包。

③ 迅速進行作業也是必要的
含有較多奶油的折疊麵糰在整型時，如果花了太多時間，會使得奶油融化。所以應儘速地整型，以確保成品的美味。

靈巧的學會擀麵棍的正確用法

正確地拿擀麵棍是最基本的動作

使用擀麵棍的首要目的，是為了使麵糰的厚度能均勻一致。所以要
從擀麵棍的拿法開始注意。並且使用擀麵棍時不可以過度用力，彷
彿在麵糰上滑動般地擀動才是要訣。

整型的重點在於擀麵棍的擀壓方法

❶
**握拿擀麵棍時必須
左右均勻等長**

麵糰與擀麵棍中央一致，
使擀麵棍左右兩端距軸心處
等長地持拿擀麵棍。如此施
力時左右才能均等受力。

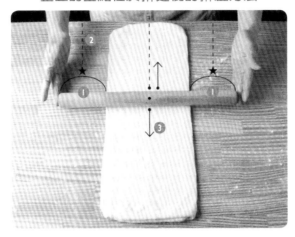

❷
**身體位置必須與麵糰
中央處一致**

身體中央與麵糰中央必須一
致，才能對擀麵棍均勻施
力。所以擀麵棍、麵糰及身
體的中心點是重疊的。

❸
由中央處朝上下方向擀壓

由中央朝上擀壓後，回到中
央處，再向下擀壓。如此地
以中央為起點地重覆動作。

❹
不可以過度施力

如果任憑力氣地用力擀壓麵
糰，可能會造成表面的裂
痕。不要以手掌的力氣來施
力擀壓，而將身體的重量輕
輕地加在擀麵棍上，以這個
力量來推擀。

基本的整型樣式

圓形、棒狀、圓柱狀是3種基本的整型樣式

以本書介紹的整型方法為原則，可整型為以下3種樣式。
除此之外，還有捲起後分切的方法、折紙般地重疊麵糰的折疊法。
詳細的作法請參考各麵包配比的內容。

棒狀

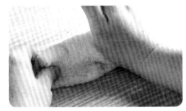

手掌將麵糰壓扁後，將上下1／3對折
至中央，接著將麵糰往自己身體方向
對折，並將對折的接合處壓緊。

在工作檯上轉動麵糰的兩端，兩端會
稍稍變細。

圓形

用手包覆住麵糰，邊使麵糰稍稍夾在
手與工作檯之間，邊以逆時針轉動麵
糰2～3次。

當麵糰的表面變得平整漂亮時，再用
手指將內側的收口處抓緊黏合。

圓柱狀

用擀麵棍將麵糰擀壓成圓形，橫向放
置後，由上下向中央各折疊1／3。再
用手將折疊處壓平。

將麵糰縱向放置，由上端開始向下捲
起。捲完之後再以手指將重疊處貼合。

最後發酵

決定麵包的柔軟與否，就在最後發酵階段。
必須注意的是如果最後發酵過度時，麵包反而會萎縮起來。

最後決定麵包膨脹的關鍵，
不能掉以輕心的作業

　　麵糰整型完成後，麩質網狀結構因被擀壓而產生了彈力。如果以此狀態直接去烤焙的話，就會變成乾巴巴沒有鬆軟口感的麵包。為了烤焙完成時的鬆軟可口，必須再次發酵，使酵母的力量能發揮最大的極限，必須讓麵糰能再度回復其伸縮性。這個過程，就是最後發酵。在揉和後的發酵也被稱為前發酵，而最後發酵也有人稱之為後發酵。

　　最後發酵，最適合的環境是溫度32～38℃，濕度75～80%。放置在舖有烤盤紙的烤盤上，噴水，再覆蓋上塑膠袋以避免乾燥。當麵糰膨脹成原麵糰的1.5～2倍時，就表示最後發酵完成了。

最後發酵
作業的重點

1 留意最後發酵不要過度
當酵母的力量達到極限時，麵糰就不會更加膨脹了。所以最後發酵過度時，反而會使麵糰鬆弛，即使烤焙後也不會有膨鬆柔軟口感。

2 等到麵糰膨脹成1.5～2倍
當麵糰膨脹成原來的1.5～2倍時，就是完成最後發酵的訊息。用肉眼或許很難辨別，但用手指觸摸看看，拿起時感覺像會壓壞麵糰時，就已經完成發酵了。

3 因麵糰很細緻脆弱的所以必須輕柔以待
完成最後發酵的麵糰是很細緻脆弱的。特別是硬式麵包，因為形狀容易毀壞，所以用割紋刀割劃時，或移至烤盤時都必須非常注意。

最後發酵的分辨判別法

仔細地確認觀察發酵狀況

最後發酵的分辨判別，會依麵包的種類而略有差異。基本上，麵糰比最後發酵前膨脹約1.5～2倍，是最佳狀態。在這個階段務必要注意不要過度發酵，仔細地觀察並控制發酵狀態吧。

吐司時

最後發酵前

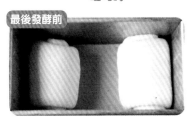

↓

最後發酵後

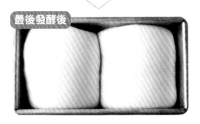

必須等麵糰膨脹至上端與模型邊緣等高。

↓

最後發酵過度時

過度發酵	正常

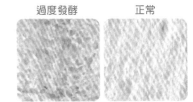

麵包中央(內部)變粗
麵包中央的組織橫向擴大並且變粗。

奶油捲時

最後發酵前

↓

最後發酵後

像奶油捲般軟質麵包，大約膨脹成2倍的狀態是一般的標準。

↓

最後發酵過度時

過度發酵	正常

無法膨脹鬆軟
如果在過度發酵的狀態下烤焙時，反而麵糰會萎縮變小。麵包中間的質地也會變得粗糙。

黑麥麵包時

最後發酵前

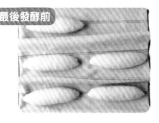

↓

最後發酵後

黑麥麵包所代表的是硬式麵包系列，大約膨脹成1.5倍時，就算完成最後發酵的作業了。

↓

最後發酵過度時

過度發酵

以割紋刀劃入時會產生皺摺
最後發酵過度的硬式麵包，在割紋刀劃入時就會在週圍產生皺摺。

如果烤箱沒有發酵功能時...

用大的塑膠袋套在放著麵糰的烤盤上，使袋內充滿空氣地束緊袋口。在方型淺盤中裝滿40～50℃的熱水，並疊放套著塑膠袋的烤盤，依所規定的時間放置發酵。

硬式麵包在最後發酵時需要準備厚質布巾

硬式麵包麵糰是非常細緻脆弱的。在發酵時必須用厚質布巾做出凹凸的形狀，在凹槽處放上麵糰。要將大型的麵糰移至烤盤時，也不能直接以手拿取，必須使用木板等來輔助。

烤焙

終於進入麵包製作的最後階段，烤焙。
在此最重要的就是要能掌握住烤箱的特性。

**在辨明烤箱的特性後，
邊進行烘烤邊觀察其狀態**

　　為了在完成最後發酵後，立刻能將麵糰放入烤箱中烤焙，在進行最後發酵時就必須先開始預熱烤箱。在烤箱中進行最後發酵時，也必須考慮到預熱時間，早點完成最後發酵再開始預熱烤箱。

　　預備動作結束時，就開始進行烤焙作業了。烤焙作業必須留意的是，烤箱依其種類會有烘烤不均勻的狀況。雖然這並非是所有的原因，但在烘烤時仔細地確認狀態，如果能在烘烤時，以變化烤盤的方向等進行調節，應該就可以解決烘烤不均勻的問題。

　　麵包烘烤完成時，立刻從烤盤移至網架上放涼。特別是吐司麵包等放在模型中烘烤的麵包，在烘烤完成時必須立刻脫出模型。

烤焙
作業的重點

1 烤箱必須事先預熱
如果沒有預熱就直接進行烤焙時，就是造成表面熟透而中間仍是生麵糰的原因。或是因實際烘烤時間得比配方中的規定時間更久，結果過度烘烤。

2 必須能分辨判斷烤箱的特性
因烤箱而異，有的烤箱只有上火或下火特別強。如果上火較強的烤箱，則必須放在下段烘烤，如果是下火較強的烤箱，則必須使用上段烘烤，或是利用兩層烤盤疊放等方法。

3 仔細地確認烘烤的色澤
烤箱內的實際溫度，也會依烤箱而有所不同。所以在烤焙時，不能置之不理，必須要很仔細地確認烤箱內的狀況，這就是烤焙時的要訣。

熟知烤箱的特點

能夠掌握烤箱的特點，就是掌握成功的關鍵

家庭用的烤箱，分為微波烤箱及瓦斯烤箱兩種，不管哪一種都各有其優缺點。相較於微波烤箱，瓦斯烤箱的火力較強，所以可以一股作氣地烤出香脆的風味，但微波烤箱的水份蒸發較少，所以烤出的麵包會比瓦斯烤箱更多了潤澤的口感。想要知道自家的烤箱特色，可以先試烤看看就知道了。

微波烤箱

照片提供／Panasonic

特徵

由內建的加熱器來發熱。雖然火力較弱，但也因此可以減少麵糰內水份的蒸發，而適合烤焙副材料比例較高的軟質麵包。依廠商不同，而有加熱器及風扇大小之差異，進而造成烤焙狀態的不同。

以微波烤箱烤焙時

將溫度設定得稍高一些

可以試著將烤箱的溫度設定得比指定溫度稍高(10～20℃)。設定的烘烤時間約過70～80%時，先進行烤焙色澤的確認，如果色澤上沒有問題時，再將烤箱溫度略略調低繼續烘烤。

瓦斯烤箱

照片提供／東京瓦斯

特徵

火力強大，雖然溫度可以瞬間升高，但降溫時卻需要很長的時間。溫度設定一旦過高時，無法快速降溫是最大的缺點。火力強大，所以適合烤得香脆的法國麵包或是黑麥麵包等硬式麵包來使用。

以瓦斯烤箱烤焙時

將溫度設定得稍低一些

因很難快速地降低烤箱內的溫度，因此設定較高溫度時，很可能會有烤焙過度的狀況發生。所以將溫度設定成較指定略低，在烤焙的後半時，再將溫度略略提高。

無法全部放置在同一烤盤烤焙時

如果只有一個烤盤時

製作10以上的麵包時，如果沒有相當大的烤盤，是無法同時進行烤焙時。這個時候僅放置1片烤盤可以烤焙的數量。其餘的麵糰則放在舖有烤盤紙的其他烤盤上，再用塑膠袋包覆住，並盡量放在室內陰涼的地方。當第一次的烘烤結束時，立刻可以移至烤盤上開始進行烤焙。

例：烤焙16個奶油捲時

在烤焙這些時，先放置在陰涼的場所

其餘的麵糰，為避免乾燥地放置在陰涼的地方，如果沒有特別狀況，應該是不會產生過度發酵的情況。

以家用烤箱烤焙時必須注意的事

為什麼完全依照配比執行卻無法順利完成呢？

以家用烤箱烤焙麵包時，相較於設定溫度更需要留意的是烤箱內的溫度。當家用烤箱想要設定為200℃時，依烤箱之不同，烤箱內會有溫度更高或更低的狀況。大部份的家用烤箱都會有這種烤箱內溫度不穩定的情形，所以即使是依照著指定時間仍無法順利成功地烤出好吃的麵包。

面對這種情況，可以在烤焙至70～80%時，確認烤箱內的狀況。如果這時候麵包的顏色還不太漂亮，則必須要略略調高溫度。如果顏色已經夠了的話，就必須要調降烤箱的溫度。像這樣邊確認呈色結果邊調節烤箱溫度，是利用家用烤箱製作麵包時最重要的要領。

烘烤前的預備動作

奶油捲及甜味捲等軟質麵糰

塗抹蛋液

用毛刷塗抹蛋液,可以增添香氣及烤焙色澤

將副材料排放在麵糰上

在烤焙前,將水果及堅果等副材料擺放在麵糰上。

法國麵包及布雷結等硬式麵糰

割劃出割紋

以割紋刀在麵糰表面割劃出割紋。劃出割紋是硬式麵包不可或缺的步驟。

以噴霧器噴撒水份

硬式麵包容易形成較硬的麵包皮。噴水的動作可以使麵包皮稍稍變薄。

為了烤焙出完美麵包所需的作業

在烤焙麵糰時,必須先預熱烤箱,但除此之外還有各種需要事先預備的事。在製作軟質麵包時,為了呈現漂亮的烤焙色澤,而必須先塗抹蛋液。而另一方面,製作硬式麵包時,必須以割紋刀劃出割紋,也必須用噴霧器進行噴水作業。

首先,預熱烤箱

預熱的溫度及時間,必須參照配比中的指定時間及溫度。

> **移動至熱烤盤上!**
> 烤焙硬式麵包時,預熱烤箱時烤盤也一起預熱,再將麵糰移至預熱的烤盤上。

烤焙後的處理

刷塗副材料

為增加麵包表面的光澤,而用毛刷塗抹上熬煮過的杏桃果醬。

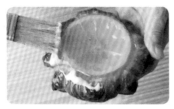

有時也會以風凍刷塗來提增風味。表面也更有豐富感。

吐司脫模

吐司烤焙完成時,必須使其小心地脫去模型。

使成品降溫是第一要務

麵包烤焙完成時,必須儘早從烤盤上移至網架上放涼。吐司等放入模型中烘烤的麵包,必須立刻脫模放涼。甜味捲及丹麥麵包等,在完成時必須刷塗上風凍或是熬煮過的杏桃果醬。

如果一直放置在模型中,麵包會從中間彎折下來

如果直接放涼時,吐司內部的水蒸氣會滲入內部,變濕而使麵包攔腰彎折。

熟練基本型的麵包製作

第 2 章

COLUMN
溯古至今的麵包之路

麵包究竟是如何誕生的，試著探索麵包的發展過程吧

再從羅馬躍向世界，從埃及至羅馬，

人類開始食用發酵過的麵包，開始於西元前4000年的古埃及時代。在此之前，食用的都是將麵粉與水混拌，再烘烤而成的煎餅狀麵包。這種麵包麵糰，在偶而間沾附了大氣中的酵母菌，自此產生了發酵麵包。

在西元前500～400年的希臘，開始發展出培養麵包酵母及烤窯技術，進而開始大量生產麵包。並且，大約也是從這個時候開始將麵包商品化。

製作麵包的技術從羅馬傳承至英國。製作麵包的店家越來越多，西元前312年左右在羅馬已經有254家販售麵包的店家記錄在文獻記錄上。終於在日耳曼民族大遷徒時，在歐洲各地廣為流傳，至16世紀中期傳至日本。

傳至歐洲各地

由於北方日耳曼民族的大遷徒，麵包文化開始推廣流傳至歐洲各地。而在漫長的歷史中，與各地居民食用的麵包相融合，英國及法國等國也都各自發展確立出獨特的麵包。

❶ 美索不達米亞
西元前4000年左右

在巴比倫，是以大麥和小麥磨成的粉末加水混合後，烘烤製成薄薄煎餅狀的麵包。

❹ 古羅馬
西元前300年左右

產生了以製作麵包維生的人們組成的共同製作麵包工廠或職業公會，麵包對於國家、軍隊以及一般市民都是獨一無二的存在。

❸ 希臘
西元前500～400年左右

在都市國家形成之同時，麵包也傳至希臘。於此產生了加入各人喜好的橄欖及葡萄乾之麵包。

❷ 埃及
西元前3000年左右

偶然的產物，因而孕育出了酵母麵包。發酵麵包傳遍埃及全國，也傳回美索不達米亞。

傳至日本

麵包終於傳至日本，是在16世紀中期。由傳教士們在宣導基督教的同時，廣為推廣至全日本。但是日本在開始鎖國時代後，麵包也隨之被遺忘。真正地推廣西式麵包，是到了明治時代才開始的。

開始製作麵包的日本人

1842年，伊豆韮山的代官，江川太郎左衛門，在自家的麵包窯，烤焙了麵包，成為第一個烤焙麵包的日本人。由於此事發生在4月12日，所以現在以此為依據，將每個月的12日定為麵包日。

『江川英龍自畫像』(江川家所收藏)

Butter Roll

奶油捲

鬆軟的口感與奶油的香味是關鍵

Point

確實地揉和
完成鬆軟的口感

揉和時間過短時，
會成為無法鬆軟膨脹的麵包

奶油捲

材料 （約12個）

高筋麵粉(Super King)
…200g
低筋麵粉 …50g
砂糖 …25g
鹽 …4g
脫脂奶粉 …10g
奶油(室溫) …40g
雞蛋 …40g
新鮮酵母 …10g
(使用速溶乾酵母時4g)
水 …130g
蛋液(完成時用)、手粉、
油脂類(塗刷攪拌盆用)
…各適量

所需時間

3小時30分鐘

難易度
★ ★ ★

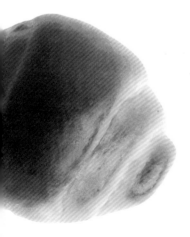

混拌材料

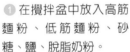

① 在攪拌盆中放入高筋麵粉、低筋麵粉、砂糖、鹽、脫脂奶粉。

② ～ ③ 在其他的攪拌盆中，放入新鮮酵母及水，以攪拌器混拌，再加入雞蛋並攪拌均勻。④ ～ ⑤ 在①的攪拌盆中加入③的材料，用指尖畫圓方式地充分混拌。

⑥ ～ ⑩ 拌至水分完全被吸收，暫時在攪拌盆中進行混拌。

⑪ ～ ⑫ 當材料逐漸成糰時，移至工作檯。⑬ ～ ⑮ 用刮板將沾黏在手上及攪拌盆的麵糰刮取下來。

在工作檯上搓揉	揉和 （約15分鐘）	接下頁

⑯ ～ ⑳ 用兩手抓拿麵糰，在工作檯邊向上下推動麵糰，邊以拉扯般地搓揉。

㉑ ～ ㉒ 漸漸麵糰材料融合在一起。㉓ ～ ㉕ 待麵糰全體的硬度變得均勻一致時，以刮板將所有的麵糰一起聚攏起來。同時也將沾黏在手上的麵糰完全刮落下來揉和至其中。

㉖ 將指尖插入麵糰底部。㉗ 將麵糰提舉起來。㉘ 邊翻轉麵糰邊將麵糰向下端摔打在工作檯上。㉙ 將手上的麵糰覆蓋在下端麵糰上。㉚ 將麵糰的方向轉動90度，以㉖的要領重覆動作。

㉛ 邊翻轉麵糰邊將下端摔打在工作檯上。㉜ 將手上的麵糰覆蓋在下端麵糰上。㉝ ～ ㊱ 與㉚ ～ ㉜同樣地重覆步驟，將麵糰的方向邊轉動90度，再重覆摔打覆蓋的動作約15分鐘。

揉和
（約15分鐘）

揉和 5分鐘後的狀態

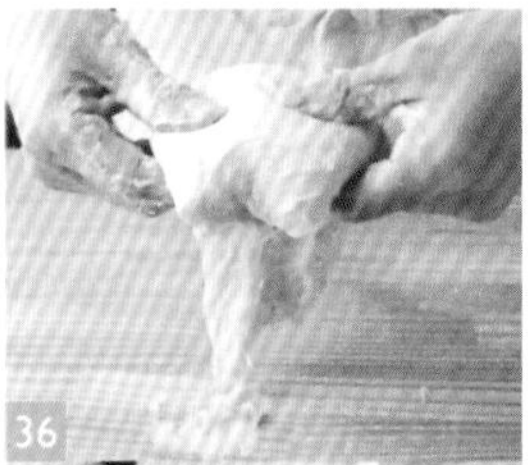
36

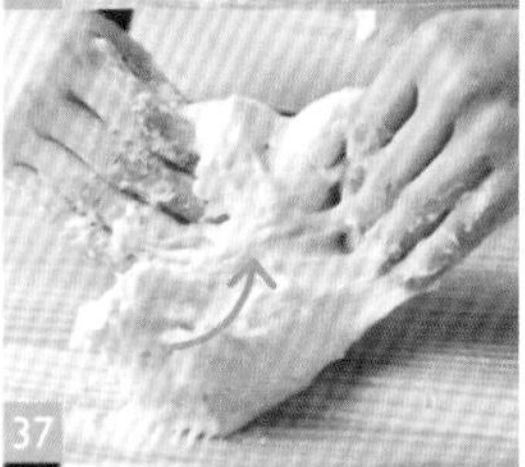
37

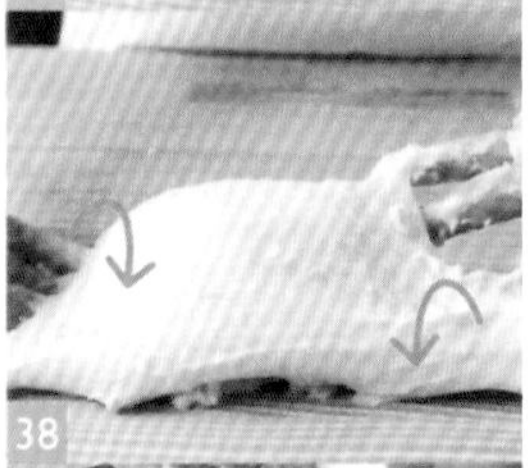
38

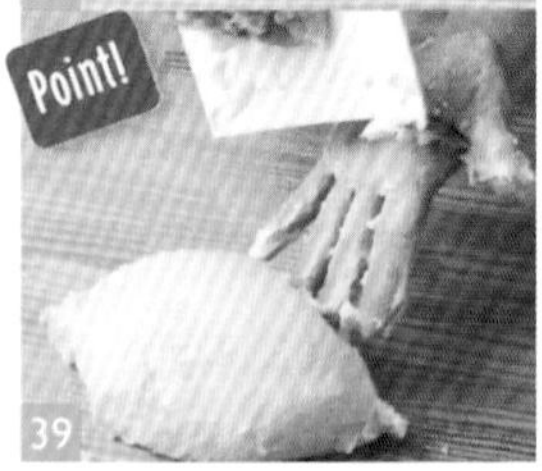
39

㊱～㊴大約揉和5分鐘後，麵糰就不會再沾黏在工作檯上了。

Point! **沾黏在手上的麵糰要很仔細地刮落**

持續揉和時，手會沾黏上麵糰，所以要用刮板仔細地將麵糰刮落。如果沒有刮落而直接洗掉的話，會影響製作出的麵包份量。

揉和 10分鐘後的狀態

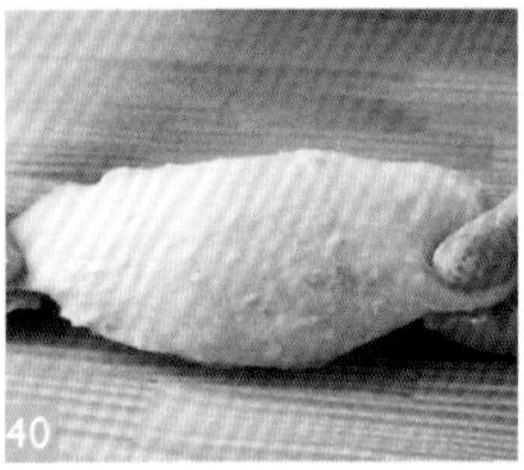
40

揉和 15分鐘後的狀態

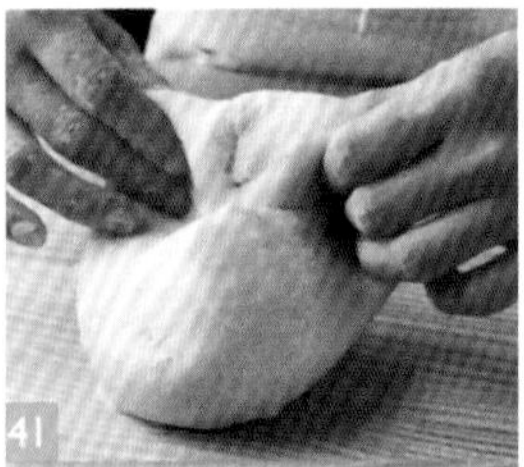
41

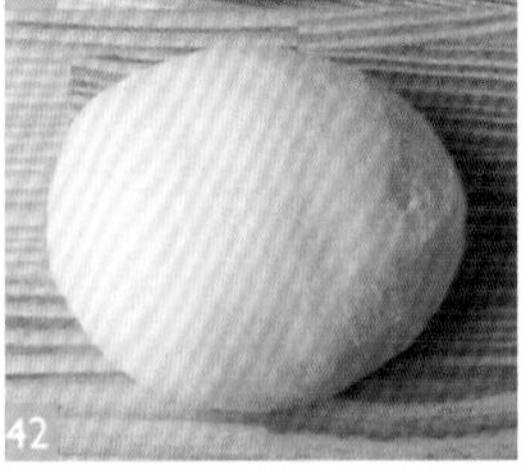
42

㊵開始揉和10分鐘後，麵糰表面開始變光滑。㊶～㊷大約揉和15分鐘時，麵糰就會變成㊷的樣子，再接著進行下個作業。

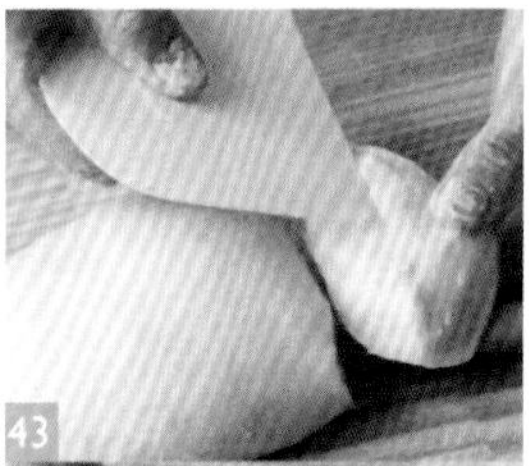
43

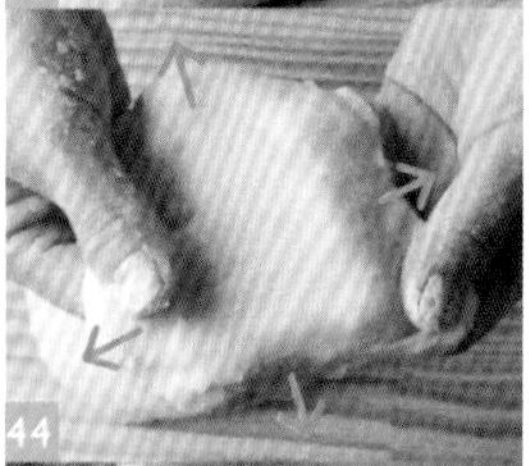
44

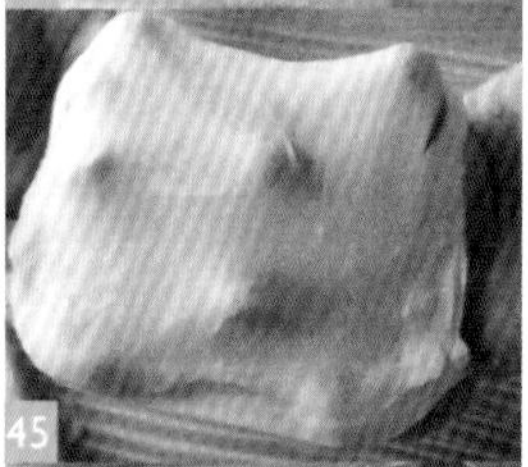
45

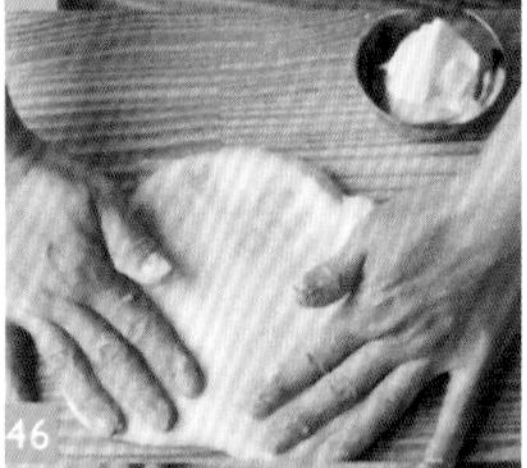
46

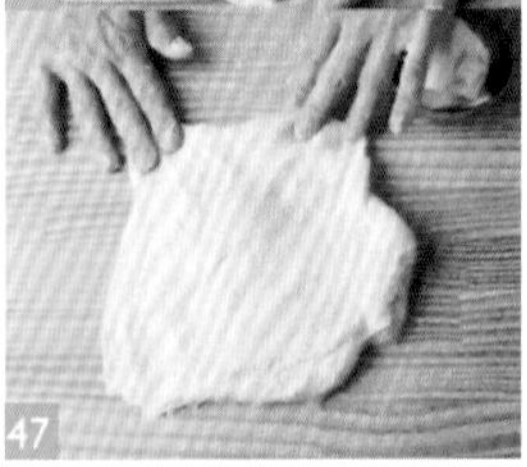
47

㊸切下一部份的麵糰。㊹切下的麵糰以指尖慢慢撐開，成為能夠看得見指尖的方形薄膜。㊺如照片般地能撐開成為薄膜時，就可以將麵糰揉和成糰。如果無法展延撐開時，就必須再繼續揉和5分鐘。㊻～㊼以手掌將麵糰壓平。

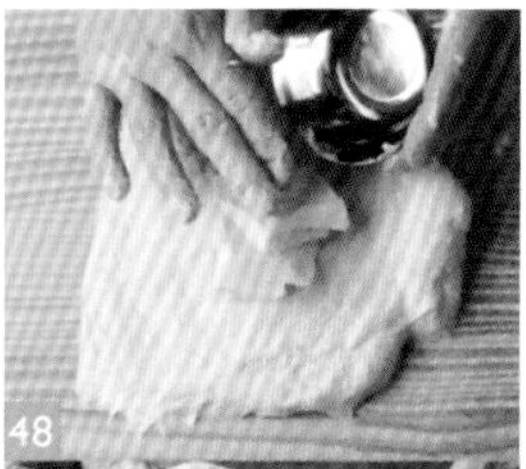
48

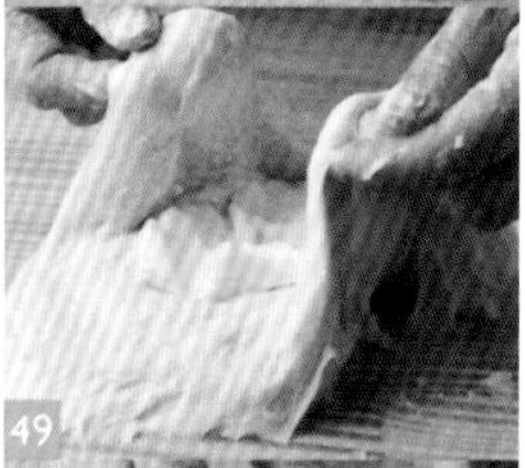
49

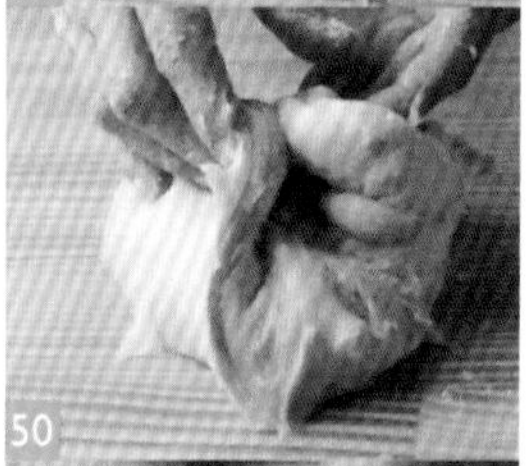
50

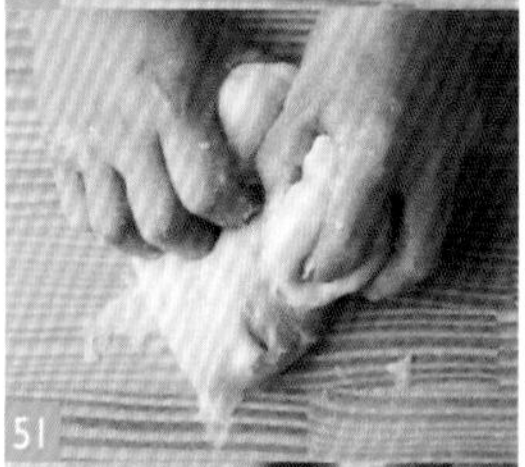
51

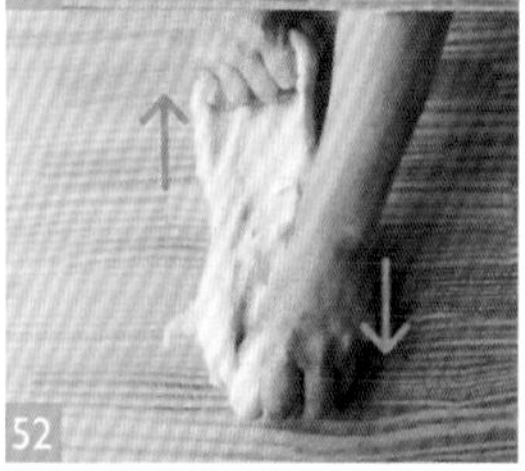
52

㊽在麵糰上放置奶油。㊾～㊿用麵糰的4個角包住奶油。(51)用兩手抓住麵糰。(52)上下滑動地在工作檯上搓揉麵糰。

搓揉包裹住奶油的麵糰

揉和
（約15分鐘，揉和完成的溫度為26～28°C）

接下頁

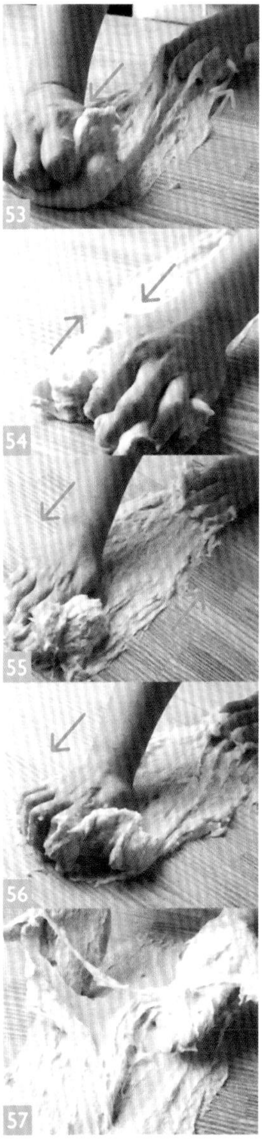

(53)～(57)在工作檯上搓揉至麵糰全體硬度均勻為止。麵糰全體硬度相同時，還必須繼續搓揉至麵糰柔軟平滑。

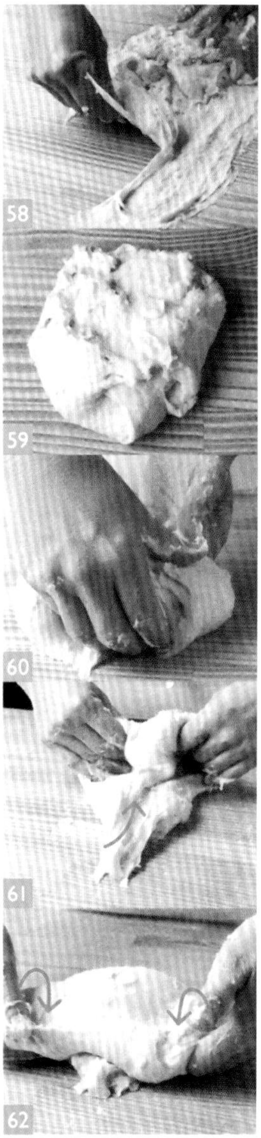

(58)～(59)用刮板聚攏麵糰。(60)用指尖插入麵糰底部拿起麵糰。(61)邊翻轉麵糰邊將麵糰下端摔打在工作檯上。(62)將手上的麵糰覆蓋在下端麵糰上。以90度方向不斷地轉動麵糰，並重覆(60)～(62)的動作約15分鐘。

揉和5分鐘後的狀態

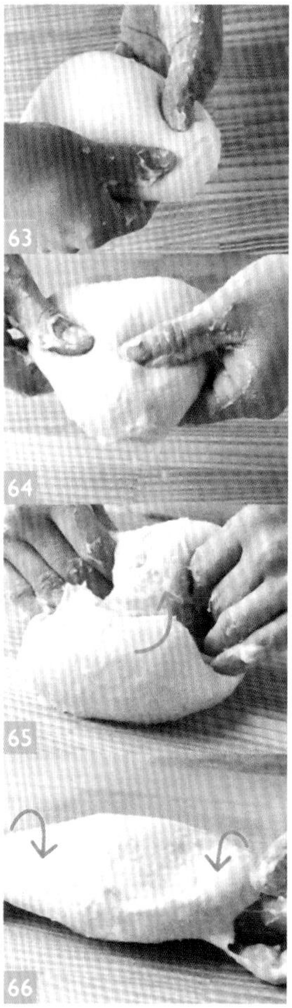

(63)～(66)開始揉和約5分鐘之後，麵糰就不會沾黏在工作檯上了。雖然麵糰仍相當的柔軟，但不可以在工作檯上撒手粉，必須要奮力地繼續進行揉和作業。

揉和15分鐘後的狀態

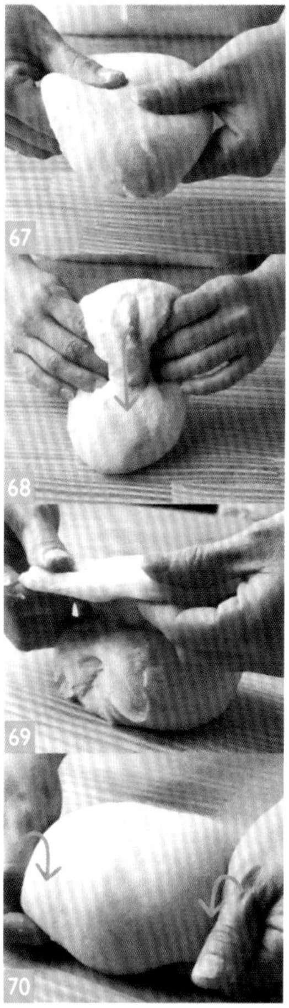

(67)～(69)揉和約15分鐘後，麵糰表面會出現光澤和平滑感。(70)將麵糰整合如照片般的狀態，再進行麩質網狀結構的確認。

發酵後

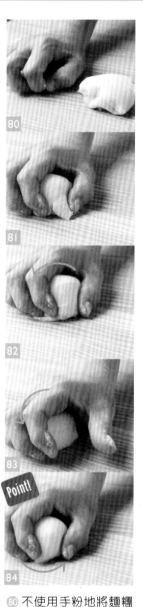

Point!

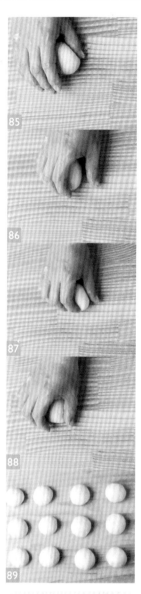

71 取部份的麵糰,薄薄地向四方展延。72～73 如 71 般產生薄薄的麩質網狀結構時,將麵糰整合為一,放入塗有油脂類的攪拌盆中,避免乾燥地放在28～30℃的地方,發酵約50分鐘。74 將手粉撒在工作檯上。

75 將麵糰取出放在工作檯上。76～77 以旋渦狀方式將麵糰切成長條狀。這樣會比較容易分割。
78 利用磅秤將長條分切成40g的小麵糰。全部可以分切成12個。
79 如果剩下未滿20g的麵糰時,將其等分成切好的麵糰數加入其中。

80 不使用手粉地將麵糰放置在工作檯上,以手滾圓。81～89 以手掌包覆麵糰,彷彿在工作檯上摩擦般地以逆時針方向滾圓。

在轉動麵糰滾圓時 **Point!** ◀ 拉開麵糰,折疊兩端的方法會更容易進行。

拉開麵糰的四個角落,將對角線的兩端各向下折疊。最後將折疊處加以貼合即成圓形。

中間發酵（約15分鐘）	整型	接下頁

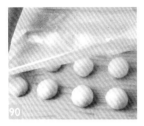

中間發酵後

⑨⓪ 將全部的麵糰滾圓後，覆蓋上較大的塑膠袋，進行大約15分鐘的中間發酵。⑨① 完成後會膨脹成原先的1倍大。⑨② 在工作檯上撒放手粉，也在麵糰上撒上少許手粉。⑨③ 將接合處朝上地用手掌壓平。

⑨④ ～ ⑨⑤ 將麵糰上端的1／3向下折疊，並用手掌輕輕壓平。⑨⑥ ～ ⑨⑦ 將麵糰翻轉180度，並再度將上方的1／3向下折疊，以手掌輕輕壓平。⑨⑧ 接著對麵糰對折，重疊處以手掌根部將其壓平貼合。

⑨⑨ ～ ⑩⓪ 用手掌滾動麵糰使其成為棒狀。⑩① ～ ⑩③ 當12個麵糰都轉動成為棒狀後，再由第一個棒狀開始將其右端搓轉成較細的形狀，約長12cm的長形水滴狀。

⑩④ ～ ⑩⑤ 接合處朝上地輕輕用手掌壓平。⑩⑥ 麵糰較細的方向朝下地放置，用擀麵棍僅只擀壓上半部的麵糰。⑩⑦ 接著用左手輕拉下半部的麵糰使其向下延展。⑩⑧ 再次擀壓上半部麵糰。

41

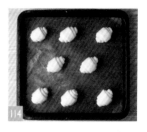

整型的變化

圓形

① 用手掌將麵糰壓平。
②〜③ 以手掌包覆麵糰後，以逆時針方向滾圓。
④ 底部的收口處以指尖捏緊貼合。

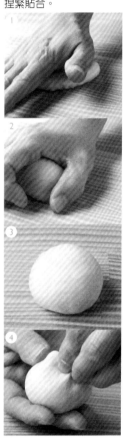

棒狀

①〜② 將麵糰壓平後，參考P.41 ⑭〜⑱地折疊。③〜④ 將手放置在麵糰兩端地轉動，使其成為約長12cm的棒狀。

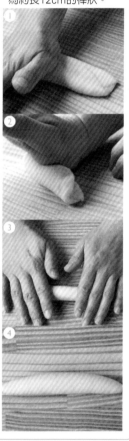

最後發酵後

Point!

⑩〜⑩ 由上端開始捲起少許的麵糰做為中心。
⑪〜⑫ 單手將麵糰向下拉並同時由上向下捲動麵糰。⑬ 將完成捲動的麵糰尖端貼合在麵糰捲上。

⑭ 放置在舖有烤盤紙的烤盤上，在約35℃下放置50〜60分鐘進行最後發酵。⑮〜⑰ 刷塗蛋液，放入約210℃的烤箱中烘烤10〜12分鐘。

必須注意避免過度進行最後發酵 Point!◀
刷塗蛋液時會容易產生皺摺，並容易形狀塌垮

表面上一旦有了皺摺，即使烤焙也不會回復原狀。最後發酵的時間管理必須仔細小心。

White pan bread

山形吐司

最適合早餐或三明治的正餐用麵包

山形吐司

材料 （1斤吐司模1條的份量）
高筋麵粉(Super King)
…250g
砂糖 …13g
鹽 …5g
脫脂奶粉 …5g
奶油(室溫) …5g
起酥油 …8g
新鮮酵母 …5g
(使用速溶乾酵母時2g)
水 …175g
蛋液(完成時用)、手粉、
油脂類(塗刷攪拌盆用)
…各適量

使用模型

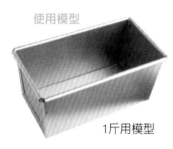

1斤用模型

所需時間

5小時00分鐘

難易度
★★★

❶ 在攪拌盆中放入高筋麵粉、砂糖、鹽、脫脂奶粉。❷ 在其他的攪拌盆中，放入新鮮酵母及水，以攪拌器混拌。❸ 在1.的攪拌盆中加入❷的材料。❹ ～ ❺ 用指尖畫圓方式地充分混拌。

❻ ～ ❽ 當材料逐漸成糰時，移至工作檯。❾ ～ ❿ 用刮板將沾黏在手上及攪拌盆的麵糰刮取下來。

⓫ ～ ⓮ 用兩手抓拿麵糰，在工作檯邊上下推動麵糰邊進行搓揉。⓯ 搓揉至麵糰整體硬度均勻一致。

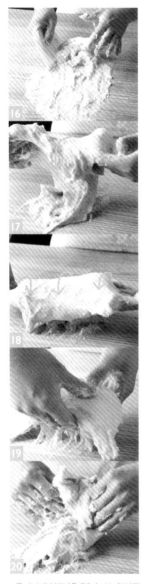

揉和 5分鐘後
的狀態

揉和 10分鐘後
的狀態

熟練基本型的麵包製作

山形吐司

⑯ 以刮板將所有的麵糰一起聚攏起來。⑰ 以指尖插入麵糰底部將麵糰提舉起來，邊翻轉麵糰邊將麵糰下端摔打在工作檯上。⑱ 將手上的麵糰覆蓋在下端麵糰上。⑲ ～ ⑳ 不斷地以90度角變化麵糰的方向，同時依照⑰～⑱的要領進行麵糰的摔打。

㉑ ～ ㉕ 重覆⑰～⑱的揉和動作約15分鐘。雖然是柔軟的麵糰，但也不能使用手粉而必須很有耐心地繼續進行揉和。

㉖ ～ ㉙ 揉和作業開始後大約經過5分鐘，麵糰終於不再沾黏可以整合成糰了。而作業中沾黏在手上的麵糰也必須刮落並繼續揉和。

㉚ ～ ㉝ 開始揉和10分鐘後，麵糰完全成糰並且不會再沾黏至工作檯上了。

揉和 **15**分鐘後
的狀態

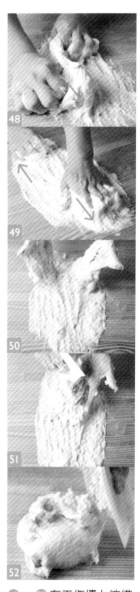

㉞～㊴開始揉和15分鐘後，麵糰表面開始變得平整光滑。

㊵以刮板切下一部份的麵糰，用指尖慢慢撐開至成為能夠看得見指尖的方形薄膜。如果像照片般地能撐開成為薄膜時，就可以將麵糰揉和成糰。㊶～㊷將麵糰壓平，在麵糰上擺放奶油及起酥油。

㊸～㊺用麵糰的4個角包住奶油和起酥油。㊻～㊼用兩手抓住麵糰，上下滑動地在工作檯上搓揉麵糰。

㊽～㊿在工作檯上彷彿拉扯般地搓揉至麵糰全體硬度均勻為止。51～52搓揉至麵糰全體硬度相同時，以刮板聚攏麵糰。並將沾黏在手上的麵糰仔細乾淨地刮落下來，並揉回麵糰當中。

揉和
（約15分鐘，揉和完成的溫度為25～27℃）

接下頁

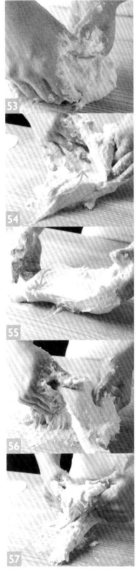

揉和 5分鐘後
的狀態

揉和 15分鐘後
的狀態

Point!

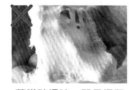

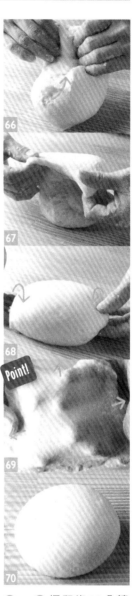

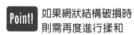

53 用指尖插入麵糰底部。54 邊翻轉麵糰邊將麵糰下端摔打在工作檯上。55 將手上的麵糰覆蓋在下端麵糰上。56 ～ 58 以90度方向不斷地轉動糰，並重覆53～55 的動作約15分鐘。

59 ～ 61 開始揉和約5分鐘之後，麵糰就不會沾黏在工作檯上了。接下來仍繼續摔打及揉和。

✗ 薄膜破損時，即是揉和動作不足的證明。薄薄地攤開且不會破損才是最佳狀態。

62 ～ 68 揉和約15分鐘後，麵糰完全揉和為一。69 ～ 70 確認麩質網狀結構。麩質網狀結構呈現如照片般的狀態時，即可結束揉和作業。

Point! 如果網狀結構破損時則需再度進行揉和
當網狀結構破損時，必須繼續揉和並每隔5分鐘進行確認。

發酵後

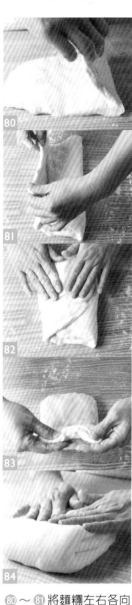

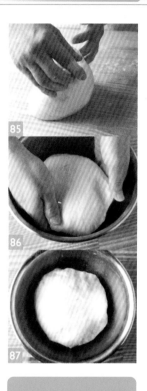

壓平排氣後的發酵

71 ～ 72 將麵糰放入塗有油脂類的攪拌盆中，避免乾燥地放在28～30℃的地方，發酵約90分鐘。73 ～ 74 以沾裹手粉的手指按壓麵糰來分辨判別時，能殘留手指按壓的凹痕是最佳狀態。

75 ～ 76 將發酵的麵糰取出放在撒有手粉的工作檯上。77 ～ 79 取少許的手粉在手掌中，由麵糰的中央向四方壓平，按壓麵糰以排出二氧化碳。

80 ～ 81 將麵糰左右各向中央折入1／3。82 ～ 83 接著將麵糰的上下也各向中央折入1／3。84 用手掌將接合處壓平，並按壓出麵糰內的二氧化碳。

85 ～ 87 翻面使接合處朝下地放置在塗抹了油脂類的攪拌盤內，避免乾燥地放置在28～30℃的地方，發酵約40分鐘。88 發酵後的麵糰，會比壓平排氣後的麵糰更膨脹1.5～2倍。

| 分割 | 滾圓 | 中間發酵
（約20分鐘） | 整型 | 接下頁 |

中間發酵後

89 將發酵後的麵糰取出放在撒著手粉的工作檯上。 90 利用磅秤將麵糰切分為2。每個麵糰225g即可。 91 ～ 93 以兩手包覆麵糰，緊貼桌面稍稍用力地將麵糰由外側往自己身體的方向拉動。

94 ～ 99 將麵糰轉動90度，依 91 ～ 93 的要領，將麵糰從外側往自己身體的方向拉動。拉動後，再將麵糰轉動90度，重覆地進行由外側拉動至自己身前的動作，直至麵糰變成圓形。 100 當表面光滑地成為圓形時，即已完成滾圓的作動了。

101 ～ 102 用較大的塑膠袋覆蓋約20分鐘，以進行中間發酵。

103 ～ 104 將麵糰的收口處朝上地放置在撒有手粉的工作檯上。 105 以手掌將麵糰壓平。 106 ～ 107 用擀麵棍依序地由中央朝上，再由中央朝下地擀壓麵糰。

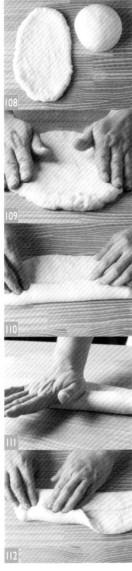

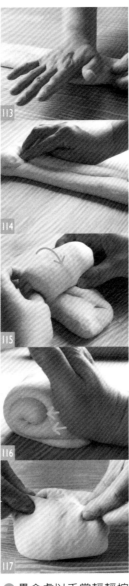

最後發酵之後

⑩⑧ 將中間發酵完成的麵糰擀壓成原來的2倍大。 ⑩⑨ 排出麵糰邊緣的二氧化碳。 ⑪⑩ ～ ⑪⑪ 將麵糰上端的1／3折向中間，並用手掌輕壓折疊處使其黏合。 ⑪⑫ 將麵糰旋轉180度，再由上方折入1／3麵糰。

⑪⑬ 疊合處以手掌輕輕按壓。 ⑪⑭ 將麵糰縱向放置，由上端開始當做軸心地捲起。 ⑪⑤ 將麵糰整個包捲起來。 ⑪⑥ 捲完後以手按壓般地使麵糰的表面更平整光滑。 ⑪⑦ 麵糰疊合的收口處以手指使其貼合。另一個也以相同的要領重覆動作。

⑪⑧ 在1斤吐司模型中塗抹上油脂類。 ⑪⑨ 將麵糰排放至模型中的時候，麵糰收口處朝內地放入模型中。 ⑫⑩ ～ ⑫⑪ 將麵糰分別排放在模型的兩端，使平滑的表面朝外。 ⑫⑫ 放置在約35℃的地方，60～70分鐘進行最後發酵。

⑫⑬ 完成最後發酵的麵糰，膨脹的高度正好與模型邊緣等高。 ⑫⑭ ～ ⑫⑤ 在麵糰表面刷塗蛋液，放在烤盤上，以210℃的烤箱烤焙30～35分鐘。 ⑫⑥ 烤焙完成後立即脫膜散熱。

Croissants

可頌麵包

酥脆的口感及濃郁的奶油香氣讓人一吃成癮

Point

必須注意
不使奶油在作業中融化

折疊整型時必須在
麵糰冰涼的狀態下進行

可頌麵包

Croissants

材料 （約10個）

法國麵包專用粉(France)
…250g
砂糖 …30g
鹽 …5g
脫脂奶粉 …5g
奶油(室溫) …25g
雞蛋 …13g
新鮮酵母 …9g
水 …130g

折疊麵糰用奶油(冷藏於
冰箱中) …125g
蛋液(完成時用)、手粉、
油脂類(塗刷攪拌盆用)
…各適量

所需時間
前一天
1小時00分鐘
當天
5小時00分鐘

難易度
★★★

前日作業

混拌材料	在工作檯上搓揉

❶ 在攪拌盆中放入法國
麵包專用粉、砂糖、
鹽、脫脂奶粉以及奶
油。❷～❸ 在其他的攪
拌盆中，放入新鮮酵母
及水混拌，加入雞蛋以
攪拌器混拌。❹～❺
在①的攪拌盆中加入③
的材料。用指尖畫圓方
式地充分混拌。

❻ 當材料逐漸成糰時，
移至工作檯。❼～❽ 用
刮板將沾黏在手上及攪
拌盆的麵糰刮取下來。
❾～❿ 用兩手抓拿麵
糰，在工作檯邊上下推
動麵糰邊進行搓揉。

⓫～⓯ 搓揉至麵糰整體
硬度均勻一致後，以刮
板將所有的麵糰一起聚
攏起來。手上刮取下的
材料也加入一起拌勻。

| 摔打揉和
（約3分鐘） | 推壓揉和
（約2分鐘，
揉和完成的溫度為25～27℃） | 發酵
（在28～30℃下，
40～60分鐘） | 壓平排氣 | 冷藏發酵
（15～20小時） | 接下頁 |

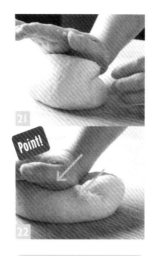

Point!

揉和 **10**分鐘後的狀態

揉和 **10**分鐘後的狀態

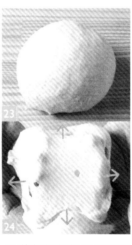

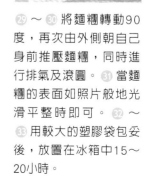

⑯～⑰以指尖插入麵糰底部將麵糰提舉起來，邊翻轉麵糰邊將麵糰下端摔打在工作檯上。⑱將手上的麵糰覆蓋在下端麵糰上。不斷地以90度角變化麵糰的方向，同時依照⑯～⑱的要領進行動作約3分鐘。⑲～⑳搓揉雙手使沾黏在手上的麵糰能與其他麵糰一起整合。

㉑將麵糰對折至自己身前，並按壓接合處。㉒將接合處朝上，轉動90度角改變麵糰方向，對折按壓結合處。這樣的動作重覆約2分鐘。㉓～㉔如照片般地形成了較粗的網狀組織時，即可結束揉和作業了。

㉕將麵糰放入塗刷了油脂類的攪拌盆中，避免乾燥地放置在28～30℃的地方，發酵40～60分鐘。㉖發酵後的麵糰比發酵前膨脹了1.5～2倍。㉗將麵糰由攪拌盆中取出放在工作檯上。㉘雙手由外側朝自己的方向推壓麵糰。

㉙～㉚將麵糰轉動90度，再次由外側朝自己身前推壓麵糰，同時進行排氣及滾圓。㉛當麵糰的表面如照片般地光滑平整時即可。㉜～㉝用較大的塑膠袋包妥後，放置在冰箱中15～20小時。

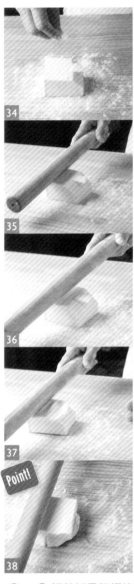

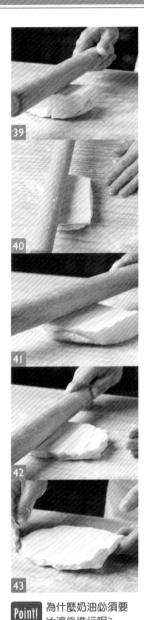

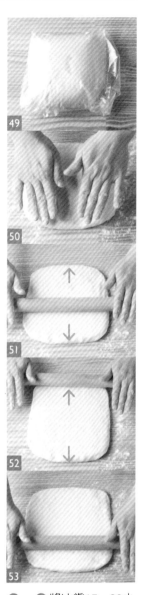

34 ～ 37 輕敲折疊麵糰使用的奶油。將冰冷的奶油放在撒有手粉的工作檯上，在奶油上也撒上少許的手粉。用擀麵棍敲平奶油。38 ～ 43 當奶油的表面敲平至某個程度之後，將奶油翻面，邊敲平奶油的反面邊整理奶油四角。

Point! 為什麼奶油必須要冰涼後進行呢？
因為奶油一旦融化，奶油的水份會被麵糰所吸收，烤焙後就無法呈現出可頌麵包特有的酥脆層次。因此必須以擀麵棍輕敲奶油是有其必要性的。

44 ～ 48 以90度轉動方向，正反面都輕敲後，再度轉動90度輕敲正反面，使奶油變成20cm的正方形。

Point! 奶油邊緣不可用力敲擊
因為奶油的邊緣比較柔軟，容易變薄，所以輕敲奶油時必須以均勻的力量來進行。

49 ～ 50 將冰鎮15～20小時的麵糰取出放置在撒有手粉的工作檯上，以手掌壓平。51 ～ 53 用擀麵棍依序地由麵糰中央向上，再從中央朝下地進行擀壓。最後將麵糰擀壓成25cm的方形大小。

RESCUE!

如果輕敲奶油的作業失敗的話...?

輕敲奶油的作業,對初學者而言是相當困難的。
即使失敗了,也會有處理應對的方法所以不用擔心。

不知怎地變成破碎的形狀!	奶油的形狀越敲越成圓形!	一邊敲得過大過度展延!

RESCUE!

1 將支離破碎的奶油整理成四方形,重新開始輕敲的動作。首先,先將奶油折成三折。

1 在變圓無法處理奶油左右兩側開始約1cm的內側,以手指留下指印。

1 用擀麵棍將敲得過大的部份擀壓得稍薄一點。正常的部份仍維持其原有的厚度。

 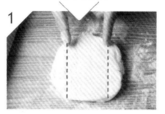 

2 90度地轉動奶油的方向,再折成三折。不可過度用力按壓。

2 擀麵棍僅輕敲指著印的內側。接著90度轉動奶油,與 ① 相同地留下指印並僅只輕敲指印的內側。

2 將維持厚度的部份移至身體前面,用擀麵棍僅擀壓下半部,慢慢地使其均勻地輕敲。

3 以手掌輕敲,放入冰箱中冰涼後,再參考P.54的35〜48.重新開始進行輕敲奶油的作業。

3 四角較厚的部份則斜向地用擀麵棍輕敲變薄,將奶油形狀調整成正方形。

3 這樣就可以逐漸地將其形狀調整成正方形。邊緣的部份利用擀麵棍前端仔細地調整。

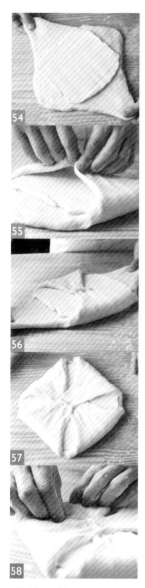

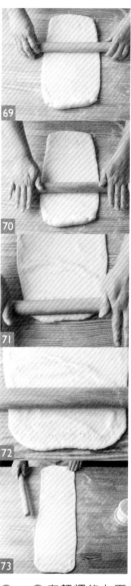

⑤④ 將奶油以錯開45度的方向擺放在麵糰上。⑤⑤～⑤⑦ 將對角線的麵糰拉攏接合。接合處以手指捏緊貼合。⑤⑧～⑤⑨ 用手指將拉攏麵糰地將奶油完全包覆在麵糰中，並以手指捏緊接合處。

⑥⓪～⑥③ 開始進行第1次的折疊作業。將麵糰放在撒有手粉的工作檯上，用擀麵棍輕輕按壓般，使奶油和麵糰可以相互貼合地以麵糰的中央為起點，向上端、下端擀壓。

⑥④～⑥⑥ 反面也同樣地使奶油和麵糰相貼合地用擀麵棍按壓麵糰。⑥⑦～⑦⓪ 以正中央為起點地將擀麵棍朝上端及下端擀壓。

⑦①～⑦② 在麵糰的上下2cm的地方，將擀麵棍由外側向內側擀壓，如此就不會留有圓形邊緣，也可以讓奶油和麵糰緊密貼合。⑦③ 最後麵糰成為長60cm×寬20cm的長條形。

接下頁

74

75

76

77

78

⑭～⑯當麵糰擀壓成長60cm×寬20cm的長條後，將其折疊成三折。此時，將麵糰冰鎮冷卻，視狀況再開始進行第2次的折疊作業。⑰～⑱麵糰一旦變軟，奶油開始融化時，必須先以塑膠袋包妥後，放入冷凍庫冷卻約30分鐘。

Q & A

麵糰的折疊作業，為何無法順利進行呢?

**製作可頌麵包最困難的部份，就在於折疊作業。
在此將容易失敗的例子及解決方法介紹給大家。**

Q 1　麵糰和奶油的大小尺寸不合

A1 相較於奶油，麵糰是較為柔軟的，所以很容易就會擀壓得太大。以手掌將麵糰的四個角先調整後，再用擀麵棍擀壓會比較容易順利進行。擀麵棍以在麵糰上輕輕滑動的強度擀壓即可。

←以手掌輕輕按壓

麵糰的四個角

←以麵糰的中央向下及向下擀壓。

←即使麵糰的形狀稍有不足，也不需要重新製作，可以直接進行下個作業。

Q 2　包覆著奶油的麵糰無法順利地擀壓

A2 使用擀麵棍將麵糰擀壓成均勻厚度時，①將擀麵棍放置在麵糰中央，②持拿擀麵棍的雙手位置必須是左右對稱的，③對著麵糰時自己的站立位置也必須是左右對稱的。這3項就是重點。

↑如果用力按壓地擀動擀麵棍時，麵糰可能會沾黏在擀麵棍上。

↑如照片般持拿擀麵棍的兩手位置偏移了，就無法均勻地擀壓開麵糰。

Q 3　在擀壓過程中奶油融化了

A3 折疊作業，在5分鐘內完成是最為理想的。如果無法在這個時間內擀壓完成時，就必須用塑膠袋包妥後，放入冷凍庫冰鎮10分鐘後，再繼續進行。

←如照片般奶油融化出來時，必須立刻用塑膠袋包妥麵糰放入冷凍庫中冰鎮冷卻。

Q 4　邊緣處無法漂亮地完成

A4 如果擀壓的施力不均勻時，就會造成厚度及形狀的不均勻。這樣也是可以烤焙的，但如果過於離譜時，可以用刀子切下後重新調整形狀。

←在擀壓麵糰時，若能邊用手來修正調整麵糰的形狀，就可以減少如照片上的失敗狀況。

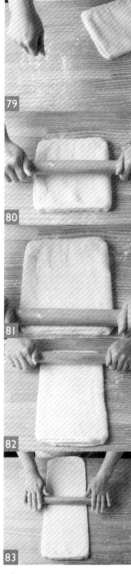

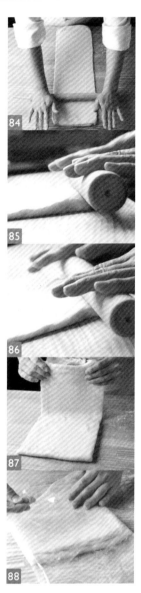

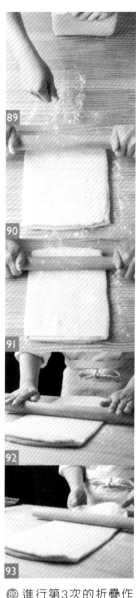

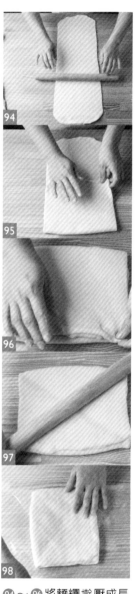

⑳ 進行第2次的折疊作業。將麵糰的接合處朝上地放置在撒有手粉的工作檯上。⑳～㉘以麵糰的中央為起點，確實地用擀麵棍按壓上半部及下半部。接著再依序地由中央朝上，再由中央朝下地進行擀壓。

㉘ 最後擀壓成長60cm×寬20cm的長條形。㉟～㊱ 麵糰的邊緣處，則以擀麵棍由外側向內側擀壓。㊲ 將麵糰折疊成3折。㊳ 以塑膠袋包妥後，放入冰凍庫冰鎮約30分鐘。

㊾ 進行第3次的折疊作業。將麵糰的接合處朝上地放置在撒有手粉的工作檯上。⑨⓪～⑨① 在開始擀壓麵糰前，先用擀麵棍上下按壓麵擀整體。⑨②～⑨③ 由麵糰的中央依序地朝上、朝下地進行擀壓。

⑨④～⑨⑥ 將麵糰擀壓成長50cm×寬20cm的長條形後，將麵糰折疊成3折。⑨⑦ 第3次的擀壓麵糰狀態容易緊縮是最難擀壓的。在折疊成3折之後，用擀麵棍在麵糰上按壓出交叉的×形狀。⑨⑧ 用塑膠袋包妥，放進冷凍庫冰鎮30分鐘。

為整型而進行的擀壓 （第1次）	為整型而進行的擀壓 （第2次）	接下頁

為整型而進行的擀壓

到了整型擀壓的階段時，麵糰已經是相當難以展延的狀態了，因此分成2次來進行。

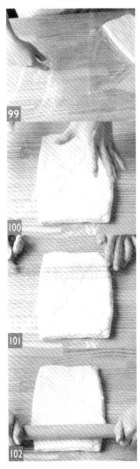

擀壓成長60cm×寬15cm的大小

是整型擀壓的最後階段，擀壓整型成為長60cm×寬15cm的大小。

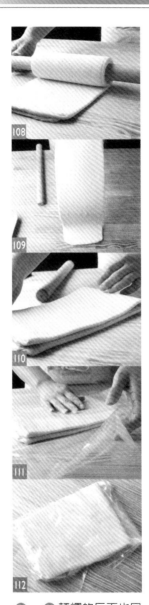

99 在工作檯上撒上手粉。100 將麵糰的接合處朝上地放置。101 在整型時寬度至少必須要有15cm。用尺量出麵糰的寬度，確保有足夠寬度地用擀麵棍擀壓。102 首先，先以擀麵棍按壓上下全體，壓平麵糰。

103 ～ 105 用擀麵棍由麵糰中央依序地朝上、朝下地進行擀壓。106 ～ 107 因麵糰容易緊縮，所以連反面都必須擀壓。翻面時可以利用擀麵混捲起來進行翻面。

108 ～ 109 麵糰的反面也同樣也用擀麵棍擀壓。110 為了能輕易地放入冷凍庫中，所以輕輕地將麵糰對折。111 ～ 112 用塑膠袋包妥後，放入冷凍庫冰鎮約20分鐘。

113 ～ 115 在工作檯上撒上手粉，推展開麵糰。用擀麵棍擀壓成長60cm×寬15cm的大小。表面擀壓後，反面也同樣地用擀麵棍擀壓。116 如果工作檯深度不夠時，可以將麵糰橫放地來進行擀壓。

最後發酵後

⑰ ～ ⑱ 首先將麵糰橫放，用尺量出10cm的間隔，劃出底邊10cm高15cm的等邊三角形10片。⑲ ～ ㉑ 依照形狀切分。如果麵糰的狀態過於柔軟時，可以移至方型淺盤上，放入冷庫凍冰鎮約20分鐘。

㉒ ～ ㉓ 將等邊三角形的頂端放在身前，並輕輕拉長頂點。㉔ 將底邊的麵糰稍稍捲起做為軸心。㉕ ～ ㉗ 單手拉著三角形的頂點，一手將麵糰由底邊向前捲至中央位置。㉘ ～ ㉛ 兩手以八字的方向朝自己身前捲動麵糰，捲至最後。

Point! 在捲動麵糰時不可過度用力！

如果在捲動麵糰時過度用力時，會因為手的熱度使奶油因而融化。

如果奶油層被破壞了之後，就無法烤焙出漂亮的可頌麵包。

㉜ 將麵糰放在舖有烤盤紙的烤盤上。為了不讓麵包捲滾動地用手稍稍輕壓。㉝ 放置在約32°C處60～80分鐘，進行最後發酵。㉞ ～ ㉟ 刷塗上蛋液，以230°C的烤箱約烘烤15分鐘。

製作可頌麵包的演練

如果能事先預習，那麼下次製作時一定可以更順利進行

1 奶油必須由從各個方向仔細地輕敲

用擀麵棍敲打奶油時，不要過度用力。一個方向某個程度輕敲之後，就要將奶油轉動90度再繼續輕敲，並且反面也必須同樣地輕敲。如果輕敲奶油之後，奶油上留有格子狀的敲痕時，就是最佳狀態。

放至冷凍庫冰鎮10分鐘左右。時，必須立刻包覆上保鮮膜再了。如果作業過程中開始融化如照片上地留有痕跡，就OK

2 正確地持拿擀麵棍，與麵糰的位置對齊

如果沒有正確地持拿擀麵棍的話，就無法均勻施力，也會無法均勻地擀壓麵糰。麵糰、擀麵棍及身體的中心必須對齊，這樣才能均勻地施力在擀麵棍及麵糰上。

即使麵糰與身體的中心位置對齊，但擀麵棍的握法卻沒有左右對稱。

身體、擀麵棍及麵糰的中心位置完全對齊，就可以順利地推壓擀麵棍了。

3 在擀壓麵糰時，必須輕巧迅速

2～3次的折疊作業，因為麵糰是冰冷的，所以是擀麵棍不太好擀壓的狀態。因此，更用力地按壓來擀壓麵糰是錯誤的。不要一次用力地擀壓，而是要輕巧快速地擀壓3～4次。

輕巧地在麵糰上滑動。黏在擀麵棍上。因此要過度用力時，麵糰會沾

冰鎮。時，必須立刻放入冷凍庫照片般奶油融化的狀況擀壓麵糰時，發生了像

4 最後發酵的階段不要過度發酵，否則會讓用心製作的奶油層因此付諸流水

如果最後發酵時過度發酵、最後發酵的溫度過高時，奶油也會溶出麵糰，而折疊作業所製作的奶油層也會因而消失。所以最後發酵的溫度不可以超過35℃。

也不太嚐得到奶油風味。子的麵糰即使烤焙之後，滿溢著奶油的麵糰。這樣最後發酵過度時，會成為

正常　　　　　　　過度發酵

油脂層確實呈現，整體麵包完成時呈現相當高的膨鬆感。

奶油融化在麵糰當中，因此麵包無法膨脹而扁塌。口感就像一般的麵包

Arrange

奶油烘餅 Kouign Amann
方型巧克力可頌 Pain au chocolat

用可頌麵糰，做出簡單的變化！

●前日 混拌材料→摔打揉和(約3分鐘)→推壓揉和(約2分鐘)→發酵(在28～30℃下，40～60分鐘)→壓平排氣→冷藏發酵(15～20小時)

●當天 輕敲奶油→擀壓麵糰→擀壓包裹住奶油的麵糰→第1次的折疊作業→第2次的折疊作業→放在冷凍庫中冰鎮(約30分鐘)→第3次的折疊作業→放在冷凍庫中冰鎮(約30分鐘)→為整型而進行的擀壓→整型→最後發酵(在約32℃下60分鐘)→烤焙(以約230℃烤約15分鐘)

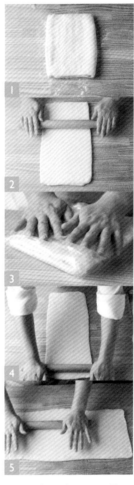

方型巧克力可頌
(Pain au chocolat)

材料 （約10個）
麵包用棒狀巧克力(如果沒有，可分切板狀巧克力來代替)…20枝
蛋液(完成時使用)…適量

奶油烘餅
(Kouign Amann)

材料 （約10個）
P.52的材料
細砂糖、油脂類(刷塗模型用)…各適量

所需時間
前一天
1小時
當天
5小時

難易度
★★★

所需時間
前一天
1小時
當天
5小時

難易度
★★★

❶～❷ 參考P.52的❶～P.58的❾❽之作業，製作麵糰。將糰接合處朝上地擀壓成長45cm×寬15cm的長條。❸ 將麵糰輕輕對折後放入冷凍庫冰鎮約30分鐘。❹～❺ 在工作檯上撒上手粉，邊擀壓麵糰使麵糰成為長50cm×寬20cm的長條狀。

❻ 將麵糰橫放，每9～10cm以刀尖劃出記號。❼ 依刀尖的記號分切成10片。❽～❾ 在直徑9cm的圓形中空模內塗抹上油脂類。同時在方型淺盤中倒入砂糖。❿ 將方形麵糰的四個角折向中央，接著將折出的四個角再度折向中央。

（ 方型巧克力可頌的作業流程 ）

●前日 混拌材料→摔打揉和(約3分鐘) →推壓揉和(約2分鐘)
→發酵(在28～30℃下，40～60分鐘) →壓平排氣→冷藏
發酵15～20小時

●當天 輕敲奶油→擀壓麵糰→擀壓包裹住奶油的麵糰→第
1次的折疊作業→第2次的折疊作業→放在冷凍庫中冰鎮(約
30分鐘)→第3次的折疊作業→放在冷凍庫中冰鎮(約30分鐘)
→為整型而進行的擀壓→整型→最後發酵(在約32℃下60分
鐘)→烤焙(以約230℃烤約15分鐘)

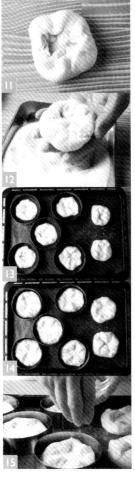

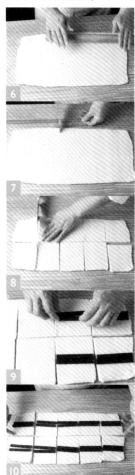

⑪ 以手按壓折痕。⑫ 在麵糰的兩面沾裹上細砂糖。⑬ 將圓形中央模放在舖有烤盤紙的烤盤上，並將麵糰放入中空模內。⑭ 在約32℃的表面進行約60分鐘的最後發酵。⑮ 在表面上撒上細砂糖，以噴霧器噴水，放入約320℃的烤箱烤焙約15分鐘。

① 參考P.52的① ～P.58的 ⑱ 之作業，製作麵糰。② ～ ④ 將糰接合處朝上，以擀麵棍擀壓成長45cm×寬20cm的長條。將麵糰輕輕對折後，放入冷凍庫冰鎮約30分鐘。⑤ 將麵糰放在撒有手粉的工作檯上，以擀麵棍擀壓。

⑥ 將麵糰橫放，用擀麵棍擀壓。最後擀壓成長50cm×寬22cm的長條。⑦ 先將麵糰對半橫切，再用尺量出9～10cm的間隔，以刀尖做出記號。⑧ 配合記號地分切。全部共可切成10片。⑨ ～ ⑩ 在麵糰中央處放置巧克力。

⑪ 以巧克力為軸心地將外側的麵糰折向中央。⑫ 再翻折一次，並用手掌按壓。⑬ 放在舖有烤盤紙的烤盤上，放置在約32℃的地方進行約60分鐘的最後發酵。⑭ ～ ⑮ 刷塗蛋液，再以約230℃的烤箱烤焙約15分鐘。

麵包物語 + ①

Boulangerie與Viennoiserrie的關係

Viennoiserrie在法國是一個獨立的麵包種類

Boulangerie 法

Boulangerie

在各國有這樣的稱呼

德 Backerei
義 Panetteria
英 Bakery

Pain

主要販售的麵包

指的是法國麵包、法國鄉村麵包般可以搭配餐食一同享用的麵包。其中的法國麵包,更是可以看出師傅手藝技術的招牌商品。

法國麵包

法國鄉村麵包

吐司麵包

Viennoiserrie

維也納麵包

是由嫁入法國的瑪麗皇后(Marie-Antoinette)從奧地利傳入的。有的甜點店(Patisserie)也會製作Viennoiserrie(維也納麵包)。

可頌麵包

皮力歐許

丹麥麵包

※此外,也有些店家將其視為甜點(蛋糕或蛋塔)

在日本的「麵包」與法國的「麵包」大不同

在日本的麵包店,不管是法國麵包或可頌麵包,在麵包店中都可以看到,但在法國這些則有嚴謹地區分。

在法國的麵包店,又稱為麵包坊(Boulangerie)。在麵包坊(Boulangerie)中販售的麵包,除了有搭配用餐食用的麵包外,另一方面彷彿糕點般的甜麵包,則稱之為Viennoiserrie(維也納麵包)。

在法國,維也納麵包 (Viennoiserrie)和法國麵包等一般的麵包,在店內是區隔開來販售的。順道一提的是店家的招牌中如果同時有著「Boulangerie」和「Viennoiserrie」的文字時,表示這個店家兩種麵包都有製作。

雖然依店的規模而有所不同,但麵包是麵包師父來製作,而維也納麵包則是由維也納麵包師父來製作,當然也有些地方是共同分擔製作的。

第 3 章

製作人氣麵包

依麵包麵糰來區分使用的酵母就是要訣！

即使同樣是酵母，也有其適材適用之區別

麵包麵糰與酵母也有其相配性

本書中在使用上區分成新鮮酵母及速溶乾酵母，就是考慮到麵糰與酵母間的搭配。

酵母的營養來源，是分解自麵內的蔗糖(砂糖)、麵粉中所含的澱粉質及葡萄糖等。新鮮酵母的蔗糖轉化酵素(invertase)活性較強，可以快速分解麵糰內的蔗糖，所以含有砂糖的麵糰使用的是新鮮酵母或是具耐糖性的乾酵母。

在不含砂糖的麵糰當中，酵母的營養，是來自麵粉內的澱粉質轉化成麥芽糖後，再以其自身的酵素將其分解成葡萄糖。這樣的性質就稱為蔗糖轉化酵素(invertase)活性。因乾燥酵母的蔗糖轉化酵素(invertase)活性較強，因此使用在法國般包般單純的麵糰時，就更能發揮其效能。

軟質麵包、甜麵包等

※1 雖然速溶乾酵母，有加糖麵糰用及無糖麵糰用2種，但在此指的是無糖麵糰使用。

※2 本書使用的是加糖麵糰使用的新鮮酵母。但也有業務用的無糖麵糰使用的新鮮酵母。

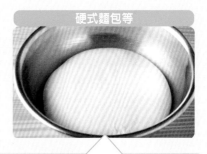

硬式麵包等

使用加糖麵糰用(耐糖性)酵母

**可以快速分解砂糖
使麵糰充分膨脹**

分解砂糖(蔗糖)的蔗糖轉化酵素(invertase)活性速度較快，因此麵糰內含有較多砂糖時，就會不斷地進行分解，促進發酵。

使用無糖麵糰用酵母

**無論有多少砂糖作用的速度
完全不受影響**

因分解蔗糖的能力較弱，所以即使麵糰中有可以成為酵素營養成份的砂糖，也無法提升分解效率，發酵以緩慢的速度進行。

使用無糖麵糰用酵母

**分解麥芽糖的
能力較強**

蔗糖轉化酵素(invertase)活性較具優勢，因此很適合單純的麵糰。相較於加糖麵糰用酵素，因發酵產生副產品的香氣更好，因此更能提升麵包的風味。

使用加糖麵糰用(耐糖性)酵母

**分解砂糖的
能力較差**

雖然分解麵糰內糖份的蔗糖轉化酵素(invertase)活性很強，但用於無糖麵糰時也能夠發酵。只是發酵能力不能完全發揮。

Melon Roll
哈密瓜麵包

酥鬆的外皮口感是其特徵，
誕生於日本的甜麵包

哈密瓜麵包

材料 （12個）

中種麵糰的材料
高筋麵粉(Camellia) …175g
砂糖 …13g
雞蛋 …50g
耐糖性新鮮酵母 …10g
(速溶乾酵母為耐糖性酵母4g)
水 …63g

麵糰的材料
高筋麵粉(Camellia) …25g
低筋麵粉 …50g
砂糖 …63g
鹽 …3g
脫脂奶粉 …5g
奶油(室溫) …38g
水 …45g
蛋液(完成時用)、手粉、
油脂類(塗刷攪拌盆用)
…各適量

哈密瓜麵糰的材料
Ⓐ ⎡ 奶油(室溫) …56g
⎣ 砂糖 …112g
蛋液 …60g
低筋麵粉 …220g
檸檬皮 …1／4個
香草精、細砂 …各適量

所需時間
4小時30分鐘

難易度
★★★

※揉和完成的溫度為24～26℃

混拌中種麵糰的材料	發酵（在約28～30℃下，約90分鐘）	混拌哈密瓜麵糰的材料、放置在冰箱冷卻（約1小時）

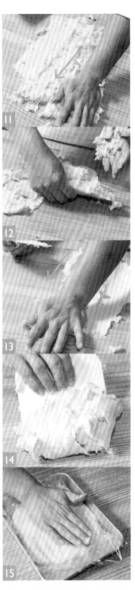

❶ 製作中種麵糰。以攪拌器混拌新鮮酵母和水，再加入雞蛋混合拌勻。❷～❹在其他攪拌盆中放入高筋麵粉及砂糖，再加入①的材料，以指尖畫圓方式輕輕混拌。❺混拌至如照片中的狀態，放在約28～30℃的地方，發酵約90分鐘。

❻ 製作哈密瓜麵糰。在攪拌盆中放入Ⓐ的材料，以攪拌器混拌。❼將蛋液分3～4次地邊加入，邊使其不致分離地確實拌勻。❽～❿加入削磨的檸檬皮、香草精以及低筋麵粉，以刮板切拌的方式大致混拌後，移至工作檯上。

⓫～⓭用手掌在工作檯上推壓地搓揉麵糰。⓮進行中也必須不時地用刮板將麵糰聚攏。⓯移至方型淺盤，將麵糰壓平後包妥保鮮膜，放在冰箱冷卻約1小時。

混拌麵糰的材料	在工作檯上搓揉	揉和 （約15分鐘）

接下頁

**中種麵糰
發酵後**

⑯ ～ ⑰ 進行麵糰的製作。在中種麵糰的中央處，以刮板推出空隙。⑱ 在中央空隙處放入高筋麵粉、低筋麵粉、砂糖、鹽、脫脂奶粉。⑲ 加水。

⑳ ～ ㉑ 用指尖以劃圓方式混拌攪拌盆內的材料。㉒ 某個程度混拌後，移至工作檯上。也必須仔細地刮落沾黏在手上或攪拌盆上的麵糰。㉓ ～ ㉔ 以兩手拿取麵糰，邊上下地移動邊在工作檯上搓揉麵糰至全體呈均勻的硬度。麵糰是相當柔軟的狀態。

㉕ ～ ㉖ 以刮板將麵糰刮落聚攏。㉗ ～ ㉞ 由底部舉起麵糰摔打並覆蓋，以變化角度地進行摔打揉和的要領，揉和約15分鐘。

**不要用整個手掌
抓握麵糰** Point!

如果手上沾黏了過多的麵糰時，揉和作業的進行會變得很困難。

以整個手掌抓握時，手上因沾黏過多的麵糰，而很難進行摔打的動作。

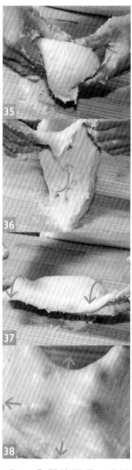

揉和 **15** 分鐘後
的狀態

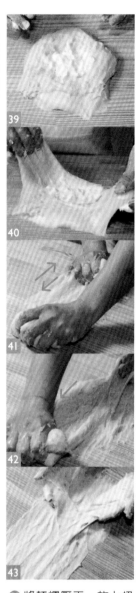

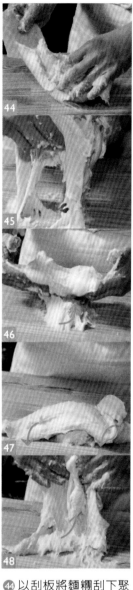

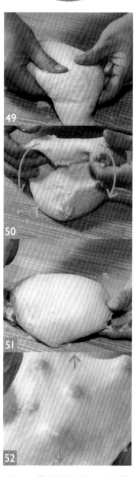

揉和 **15** 分鐘後
的狀態

㉟～㊲ 即使經過15分鐘的揉和作業，麵糰仍稍稍會沾黏在工作檯上。㊳ 取出部份的麵糰，確認麩質網狀結構的狀態。如照片般形成薄膜狀時，即可。將麵糰放回材料中。

㊴ 將麵糰壓平，放上奶油。㊵ 以四邊的麵糰包覆奶油。㊶～㊷用兩手抓住麵糰，以手的上下動作，在工作檯上搓揉麵糰。㊸ 搓揉至麵糰整體的硬度均勻為止。

㊹ 以刮板將麵糰刮下聚攏。同時也刮落手上的麵糰。㊺ 將指尖插入麵糰底部提舉起麵糰。㊻ 邊翻轉麵糰邊將麵糰下端摔打在工作檯上。㊼ 將手上的麵糰覆蓋在下端麵糰上。㊽ 將麵糰的方向邊轉動90度，邊以㊺～㊻的要領重覆動作約15分鐘。

㊾～㊿ 揉和約15分鐘後，麵糰開始出現光澤。因是柔軟的麵糰，所以揉和成團較花時間，但在揉和過程中不可以使用手粉。52 切下部份的麵糰確認麩質網狀結構，如照片中形成了薄膜時，表示麵糰已經完成了。

發酵	麵糰的分割&滾圓	接下頁
（在28～30℃下、約30～40分鐘）		

53

麵糰發酵後

54

55

56

57

58

59

60

61

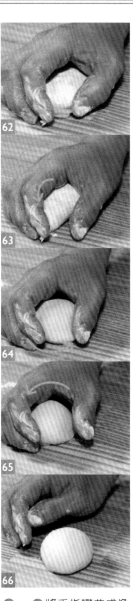

62

63

64

65

66

製作人氣麵包

哈密瓜麵包

53 將麵糰放入刷塗了油脂類的攪拌盆中，避免乾燥地放置在28～30℃的地方，發酵30～40分鐘。 54 ～ 56 將發酵後的麵糰取出在撒有手粉的工作檯上，以旋渦狀方式將麵糰切成棒狀。

57 利用磅秤分割成40g之大小。全部可以切成12個。 58 剩下的麵糰若不足20g時，將剩餘的麵糰均分成麵糰數，並加入各個小麵糰中。 59 ～ 60 在工作檯上撒上手粉，麵糰單面也撒上手粉。 61 沾有手粉的面朝上放置。

62 ～ 66 將手指彎曲成像貓爪的姿勢，將麵糰包起來，在工作檯上以擦摩的方式，逆時針地將麵糰滾成圓形。

無法順利滾圓時

如果用工作檯卻無法順利地將麵糰滾成圓形時，利用折疊麵糰製作出圓形的方法也很簡單。最後不要忘了用手指捏合收口處。

將分割後的麵糰，輕輕地擀壓後向下對折，換個角度再度對折。最後以手指將底部收口處捏緊。

哈密瓜麵糰的分割&滾圓 → 中間發酵（約15分鐘） → **整型** → 最後發酵（在約35℃下50～60分鐘） → 烤焙（以約210℃烤10～12分鐘）

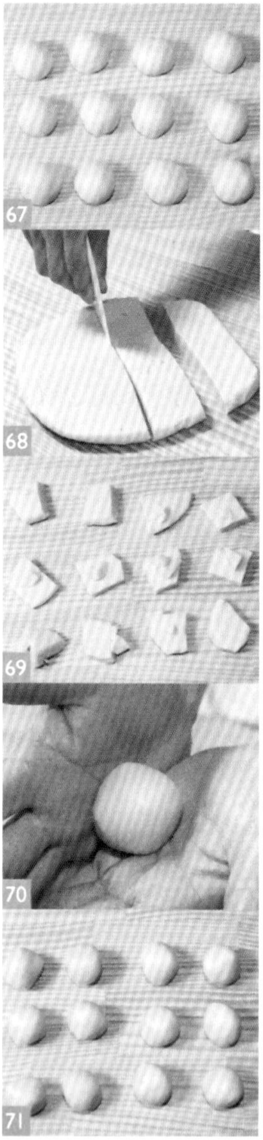

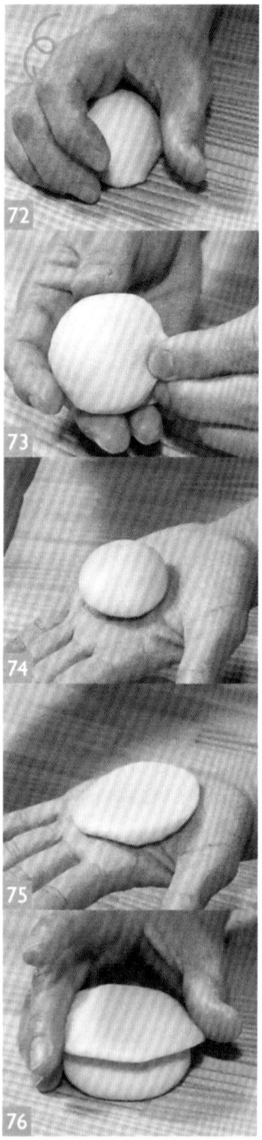

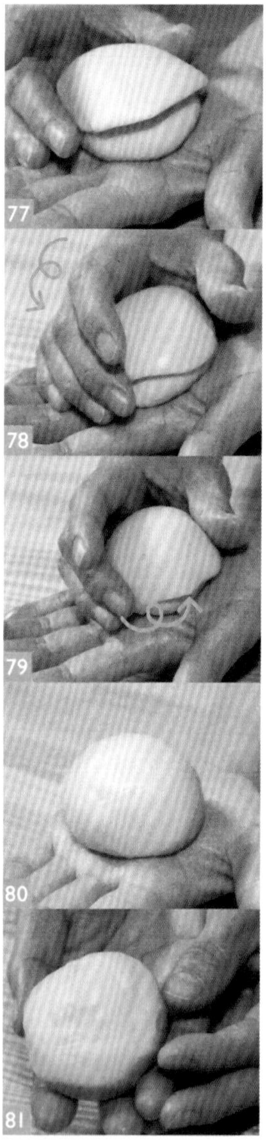

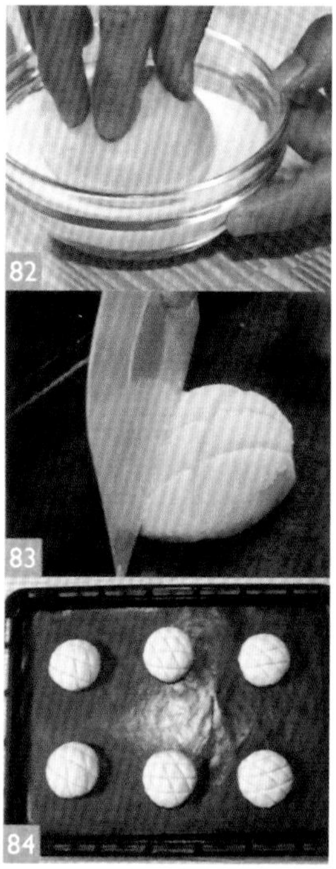

最後發酵後

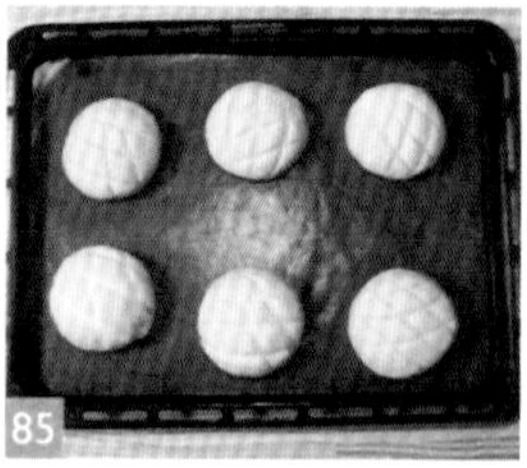

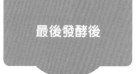

(67)將所有的麵糰都滾圓後，進行中間發酵。(68)將哈密瓜麵糰切成較小的30g。(69)哈密瓜麵糰如有剩下時，依切好的數量均等分切並加入其中。(70)～(71)利用兩手手掌彷彿搓湯圓般將哈密瓜麵糰滾圓。

(72)以手掌輕壓中間發酵後的麵糰，依P.71中(62)～(66)的要領再次滾圓。(73)底部的收口處以手捏合。(74)～(76)將哈密瓜麵糰放在手掌上壓平，放在麵包麵糰上。哈密瓜麵糰約壓平成麵糰的8分大小即可。

(77)麵糰上覆蓋上哈密瓜麵糰，放置在手掌上。(78)～(80)在手掌上輕輕轉動地滾圓。若會黏手時也可以用少許手粉。讓哈密瓜麵糰彷彿包覆著麵包麵糰般。(81)底部還能看到大約5圓硬幣大小的麵包麵糰，就是最佳狀態。

(82)在哈密瓜麵糰上蘸上細砂糖。(83)放在舖有烤盤紙的烤盤上，以刮板在表面上劃出格紋。(84)放置在約35℃的地方，進行50～60分鐘的最後發酵。(85)以約210℃烤箱烤焙10～12分鐘。

RESCUE!

如果無法用手掌整型時...

**將哈密瓜麵糰用擀麵棍擀壓，
之後包覆在麵糰的方法比較簡單。**

✕

NG！
哈密瓜麵糰不可過度用力擀壓

黏稠的哈密瓜麵糰，如果以擀麵棍過度用力擀壓時，就會沾黏在工作檯上。

✕

NG！
哈密瓜麵糰出乎意外的細緻脆弱

哈密瓜麵糰如果沒有擀壓成均勻的厚度時，就很難順利地包覆麵包麵糰。烤出來就會造成斑駁不均的狀況。

← 如果哈密瓜麵糰擀壓得太大時，包覆麵包麵糰時周圍會留下多餘的麵糰。

← 如果擀壓的厚度不均時，太薄的地方就會破損而無法順利包覆。

烤焙時斑駁的原因！

✕ 失敗

○ 成功

失敗的原因在於哈密瓜麵糰上有不均勻的斑駁狀態，顏色也不均勻。

1

將切好的哈密瓜麵糰放在撒有手粉的工作檯上，以擀麵棍輕輕擀壓。

2

擀壓成比麵糰稍大的大小。

3

哈密瓜麵糰在下地包裹住麵包麵糰。麵包麵糰的收口處朝上。

4

將哈密瓜麵糰在朝上地放置在手掌上。

5

如此轉動2～3次滾圓。

6

底部仍能看見5圓大小的麵包麵糰，即已完成。雖然邊緣會有些皺摺，但這是比較容易可以完成整型的方法。

麵包物語 + ①

熟知市售的速溶乾酵母

輕易且方便地可以買到的速溶乾酵母有哪些種類呢?

主要市售的酵母種類

Saf-instant乾燥酵母 紅

照片提供／日法商事

適合無糖麵糰或是麵糰含糖量在15%以下的麵糰。像是法國麵包、吐司、奶油捲、可頌麵包等。

Saf-instant乾燥酵母 金

照片提供／日法商事

適合麵糰內糖份佔15%以上的麵包。像是哈密瓜捲、甜味捲、丹麥麵包等。

Super Camellia乾燥酵母

照片提供／日清

從奶油捲以至於甜味捲等甜麵糰,幾乎所有的麵包麵糰都適用的速溶乾酵母。

冷凍披薩麵糰用的速溶乾酵母

披薩用的速溶乾酵母

也有酥脆的披薩專用速溶乾酵母。使用於伸縮性較少的酥脆型披薩麵糰,可以做出延展性佳,又緊實的披薩。

照片提供／日法商事

酵母當中,除了新鮮酵母及速溶乾酵母之外,還有稱為乾燥酵母的種類,但在使用時,必須先以40℃左右的熱水浸泡,必須進行預備發酵才能使用。

專用及單純麵糰專用的酵母
區分成使用大量砂糖的麵糰

速溶乾酵母是壓縮由人工單純地培養出的麵包酵母,製成顆粒狀的產品。不需要做特別的預備動作,只需使用新鮮酵母的1／2或1／3量即可,方便使用是其最大的特徵。

在速溶乾酵母中,也有各式各樣的種類,但在選購時,依麵包的特徵來選購才是最重要的。

像是甜味捲及使用較多砂糖的麵糰,選用標示著加糖麵糰專用(耐糖性)的酵母,可以更有效率地發揮效果。另一方面,製作口味單純的硬式麵包時,選用標示著無糖麵糰專用的酵母,效果會比較好。

但因為也有可以同時應對兩種麵糰的速溶乾酵母,所以想要更輕鬆地來製作時,就可以選擇這種酵母吧。

Scone
司康
可以沾抹上濃縮奶油或果醬享用

Point
不要揉和太久就是
完成酥鬆口感的秘訣

使用刮板攪拌時也不能
過度拌壓麵糰

Scone

司康

材料 （約10個）

法國麵包專用粉(France)
…125g
低筋麵粉 …125g
砂糖 …20g
鹽 …1小撮
泡打粉 …10g
奶油(冰箱冷藏) …50g
起酥油 …30g(冰箱冷藏)
牛奶 …115g
牛奶(塗抹麵糰用)、手粉
…各適量

使用模型

直徑6cm的切模

所需時間
1小時30分鐘

難易度
★★★

混拌材料	用手搓揉混拌 （約3分鐘）	混拌砂糖、鹽、牛奶 （約5分鐘）

❶ 將法國麵包專用粉、低筋麵粉、泡打粉以及冰冷的奶油放入攪拌盆中。夏天製作時，粉類也必須先冰涼才能做出酥鬆的口感。❷ 以刮板將粉類和奶油切碎混拌。❸～❺ 將材料移至工作檯上，再以刮板用切拌方式混拌材料。

❻～❽ 冰涼的起酥油也放入工作檯上的粉類中，用刮板以切碎的方式拌勻材料。❾～❿ 以兩手搓揉粉類地使奶油及起酥油混合為一。重覆將材料聚攏混拌的動作。

⓫ 如照片般粉類的顏色開始變黃，觸摸時材料成鬆散的感覺即已完成。⓬ 將粉類聚攏，在中央做出一個凹槽。⓭～⓮ 在麵粉中央的凹槽中放入砂糖、鹽，再輕輕地倒入牛奶。⓯～⓰ 以刮板輕輕地將凹槽內側的粉類刮落至中央。

靜置麵糰
（靜置於冰箱30分鐘～1小時）

以擀麵棍
擀壓

按壓切模

第二次按壓
切模

烤焙
（以約200℃
烤約15分鐘）

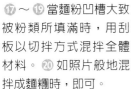

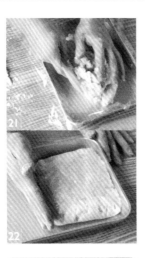

靜置在冰箱中
30分鐘～1小時

製作人氣麵包

司康

⑰～⑲當麵粉凹槽大致被粉類所填滿時，用刮板以切拌方式混拌全體材料。⑳如照片般地混拌成麵糰時，即可。

Point! 絕對不可以揉和麵糰
揉和麵糰會形成麩質網狀結構，就無法製作出鬆脆口感的司康。

㉑～㉒將麵糰放在包著保鮮膜的方型淺盤上，利用方型淺盤的邊做出麵糰的方形。放在冰箱中靜置30分鐘～1小時。㉓取出麵糰放在撒著手粉的工作檯上。㉔準備直徑6cm的切模。將麵糰擀壓成足以按壓出兩個切模的寬度。

㉕～㉗以擀麵棍將麵糰擀壓成長20cm×寬15cm×厚2cm的大小。㉘用切模按壓麵糰，並排放在舖有烤盤紙的紙盤上，共可切出6個。㉙～㉚剩下的麵糰可以再加以利用，因此將麵糰整合為一。

㉛再次使用切模按壓整合為一的2次麵糰。可切出4個。㉜～㉝剩下的麵糰，不需再使用模型而以手加其整合成圓形。㉞在麵糰表面刷塗牛奶，放入約200℃的烤箱烤焙約15分鐘。

蔓越莓司康
南瓜司康

僅需將材料混拌即可的簡單變化

蔓越莓司康的作業流程

混拌材料(約5分鐘)→用手搓揉混拌(約3分鐘)→混拌砂糖、鹽、牛奶及蔓越莓(約5分鐘)→靜置麵糰(放置於冰箱中30分鐘～1小時)→以擀麵棍擀壓→以模型按壓麵糰→以模型按壓2次麵糰→烤焙(以約200℃烤15分鐘)

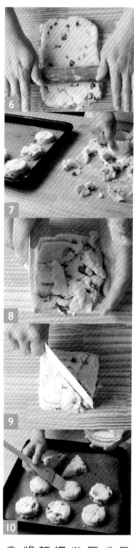

蔓越莓司康

材料 （8～10個）
P.76的材料
乾燥蔓越莓 …50g

南瓜司康

材料 （約10個）
P.76的材料
冷凍南瓜 …80g

所需時間
1小時30分鐘

難易度
★★★

所需時間
1小時45分鐘

難易度
★★★

❶ 參考P.76的 ❶ ～P.77 的 ❶ 製作麵糰。❷～❸ 在❶的麵糰中加入蔓越莓,以刮板切拌地混拌材料。❹～❺ 如照片般地當材料混拌為一後,用保鮮膜包妥麵糰,放在方型淺盤中。利用方型淺盤邊緣整合麵糰,並放入冰箱中冷卻30分鐘～1小時。

❻ 將麵糰擀壓成長20cm×寬15cm×厚2cm的大小。❼ 與P.76相同地用切模按壓麵糰,並將切下的麵糰排放在舖有烤盤紙的烤盤上。❽～❾ 切剩下的麵糰,整合成方型後,斜向對半切開。❿ 在表面刷塗牛奶,以約200℃的烤箱烤焙約15分鐘。

(南瓜司康的作業流程)

以微波爐解凍冷凍南瓜，以網篩碾磨材料(約15分鐘) → 混拌材料(約5分鐘) →
用手搓揉混拌(約3分鐘) → 混拌砂糖、鹽、牛奶及南瓜(約5分鐘) → 靜置麵糰
(放置於冰箱中30分鐘～1小時) → 以擀麵棍擀壓 → 以模型按壓麵糰 → 以模型
按壓2次麵糰 → 烤焙(以約200℃烤15分鐘)

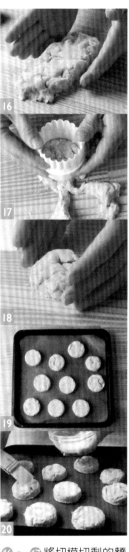

❶～❷ 將南瓜放入耐熱
容器內，包妥保鮮膜以
500W的電子微波5分半
鐘。❸ 稍稍放涼後切除
南瓜皮。❹ 以網篩碾磨
材料。❺ 參考P76的①～
⑬地混拌材料。

❻～❼ 在粉麵材料中央
放入南瓜泥、砂糖、鹽
以及牛奶。❽～❿ 以刮
板將內側的粉類推入中
央，以切拌方式將全體
拌勻。

⓫ 混拌至照片中的狀
態。⓬ 用保鮮膜包妥麵
糰，放在方型淺盤中。
整合四邊後放入冰箱中
靜置30分鐘～1小時。
⓭～⓮ 以擀麵棍將麵
糰擀壓成長20cm×寬
15cm×厚2cm的大
小。⓯ 將按壓切模所切
下的麵糰排放在舖有烤
盤紙的烤盤上。

⓰～⓱ 將切模切剩的麵
糰整合成四方形，再用
切模按壓。⓲ 最後剩餘
的麵糰用手整合成圓
形。⓳～⓴ 刷塗牛奶，
以200℃的烤箱約烤焙
15分鐘。

麵包物語 + 1

最適合搭配司康！挑戰手製草莓果醬！

手製草莓果醬更能提引出司康的美味

<table>
<tr><td colspan="2" align="center">材料</td></tr>
<tr><td>草莓 …250g(1盒)</td></tr>
<tr><td>砂糖 …150g</td></tr>
<tr><td>麥芽糖 …25g</td></tr>
</table>

製作方法

❶ 除去草莓蒂。在方型淺盤的背面鋪放濕的廚房紙巾鋪，在上面輕輕轉動草莓來擦拭草莓表面。

❷ 在較大的攪拌盆中依序放入草莓、砂糖，放置約1小時。

❸ 放置後 ② 的攪拌盆中產生了少許的水份，將材料放入比草莓量大兩倍的厚鍋中加熱，再放入麥芽糖以橡皮刮板攪拌。

❹ 待砂糖溶化後，再將草莓搗碎成喜好的大小。沸騰後轉為中火。

❺ 如果出現了白色浮泡時，要立刻舀掉。

❻ 沸騰後再熬煮15～20分鐘，就可以熄火了。在裝了水的容器中滴入少許的煮汁，如果煮汁如濃稠果醬般直接滴入底部時，即已完成。

❼ 裝入煮沸消毒過的瓶中保存

Point 草莓必須擦拭而不能洗

將沾濕的廚房紙巾鋪在方型淺盤的背面，手持草莓以擦拭其表面的髒污。

草莓一旦泡過了水，草莓的香氣就會流失在水中。

Point 草莓與砂糖一同放置1小時

在草莓上撒放砂糖放置，會由草莓的表面產生水份。這個水份可以防止草莓燒焦，也可以讓風味更加濃醇。

Point 在砂糖上量測麥芽糖

將麥芽糖滴垂在砂糖上量測。如果直接以容器量測時，麥芽糖會沾附在容器上而很難完全使用。湯匙先用水沾濕後就會比較容易拿取。

Point 離火的時間千萬不能錯過

試著確認狀態

當材料的硬度足可用橡皮刮刀在鍋底劃出線條時，就可以熄火了。

在裝了水的容器內滴下1～2滴果醬。果醬呈粒狀滴落時，即已完成。

完成

果醬放入保存瓶中，確實蓋上蓋子，放入80℃的熱水中浸泡30分鐘，消毒。

加倍提引出 草莓風味的重點

製作草莓果醬的要領，是草莓和砂糖混合後不要立刻熬煮。大約放置1小時，當草莓產生水氣後再加熱，還可以防止燒焦。雖然草莓使用哪一種品種都可以，但因季節及品種不同，酸味及甜味也因而不同，所以最後還是必須試試味道，用檸檬汁和砂糖來調節味道。保存果醬的容器，最好是用耐熱的玻璃瓶。未開封且經過確切消毒的話，可以在冰箱中保存1年。開封後約在2～3週內食用完畢較好。

Graham Bread
全麥麵包
使用粗粒全麥麵粉完成香氣四溢的麵包

Graham Bread

全麥麵包

※揉和完成的溫度為25～27℃

混和發酵種的材料	揉和 (約2～3分鐘)	發酵 (在28～30℃下， 3～4小時)	全粒粉的預備處理 (約3小時)

材料 （1斤吐司模1條的份量）

發酵種的材料

高筋麵粉(Super King)
…175g

新鮮酵母 …5g

(使用速溶乾酵母時2g)

水 …113g

麵糰的材料

全麥粉(粗粒) …75g

水 …63g(浸泡全粒粉用)

砂糖 …15g

鹽 …5g

脫脂奶粉 …5g

奶油(室溫) …8g

起酥油 …8g

蛋液(蛋與水1:1稀釋液)、
手粉、油脂類(刷塗模型
和攪拌盆用) …各適量

使用模型

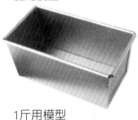

1斤用模型

所需時間

6小時30分鐘

難易度

★★★

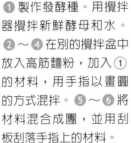

❶ 製作發酵種。用攪拌器攪拌新鮮酵母和水。❷～❹ 在別的攪拌盆中放入高筋麵粉，加入❶的材料，用手指以畫圓的方式混拌。❺～❻ 將材料混合成團，並用刮板刮落手指上的材料。

❼～❾ 用手掌在攪拌盆中以按壓方式揉和材料。❿ 揉和至照片中的狀態時，避免乾燥地放置在28～30℃的地方，發酵約3～4小時。

⓫～⓭ 將全麥粉和水一起放入攪拌盆中，以木杓混拌。⓮～⓯ 避免乾燥地用保鮮膜緊緊貼合後，靜置3小時。

| 混拌麵糰材料 | 在工作檯上搓揉 | 接下頁 |

**發酵種
發酵後**

⓰ 一旦發酵種發酵後，會比發酵前膨脹2～3倍。⓱～⓳ 製作麵糰。在發酵種中間以刮板騰出空間，放入砂糖、鹽以及脫脂奶粉。

⓴～㉔ 接著放入變得柔軟的全麥粉，用手抓取般地混拌全部的材料。

㉕～㉖ 混拌至一個程度後，移至工作檯上。㉗～㉚ 以雙手抓住麵糰，在工作檯上，以手上下交替地滑動，將麵糰搓揉至全體硬度相同為止。

㉛～㉞ 當整體麵糰的硬度均勻後，以刮板聚攏麵糰並乾淨地刮落沾黏在手上的麵糰。

揉和 （約15分鐘）	搓揉包裹住奶油和起酥油的麵糰

揉和 **15**分鐘後
的狀態

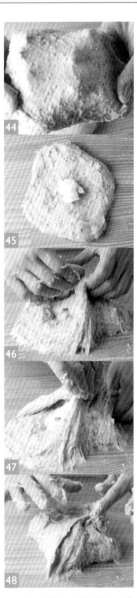

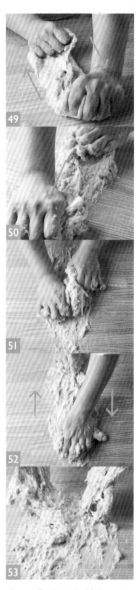

㉟ 將指尖插入麵糰底部將麵糰提舉起來。㊱ 邊翻轉麵糰邊將麵糰下端摔打在工作檯上。㊲ 將手上的麵糰覆蓋在下端麵糰上。㊳ ～ ㊴ 不斷地變化麵糰角度方向邊以 ㉟ ～ ㊲ 的要領重覆動作約15分鐘。

㊵ ～ ㊸ 在揉和15分鐘後，麵糰已經不會再沾黏在工作檯上了。當麵糰全體呈現光滑狀態時，即可。

㊹ 切下部份的麵糰，確認麩質網狀結構。網狀結構如照片般的狀態時，即可進入下個作業。㊺ 將麵糰壓平放上奶油及起酥油。㊻ ～ ㊽ 用麵糰的四面包裹住奶油和起酥油。

㊾ ～ ㊾ 在工作檯上，用兩手上下滑動交替地將麵糰搓揉成均勻的硬度。

揉和 （約15分鐘，揉和完成的溫度為27～29℃）	發酵 （在28～30℃下約30～40分鐘）

接下頁

揉和 **15** 分鐘後
的狀態

麵糰發酵後

54 以刮板整合工作檯上的麵糰，並刮落手上沾黏的麵糰。55～57 將指尖插入麵糰底部，將麵糰提舉起來，邊翻轉麵糰邊將麵糰下端摔打在工作檯上。將手上的麵糰覆蓋在下端麵糰上。58 將麵糰的方向轉動90度，再次提舉麵糰。

59～63 依照 56～57 的要領同樣地摔打覆蓋麵糰，改變麵糰的角度方向，重覆摔打覆蓋的動作約15分鐘。

64～66 在揉和15分鐘後，麵糰已經不會再沾黏在工作檯上了。67 切下部份的麵糰，確認麩質網狀結構。網狀結構如照片般的狀態時，即完成這個作業。

68 將麵糰放入塗抹了油脂類的攪拌盆中，避免乾燥地放在28～30℃的地方，發酵30～40分鐘。69～71 取出發酵後的麵糰放在撒有手粉的工作檯上。

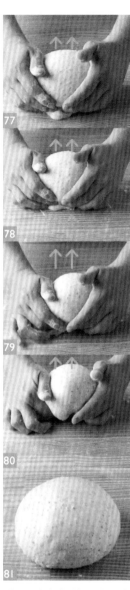

中間發酵後

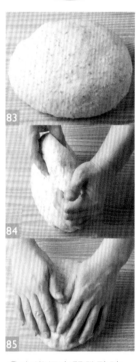

72 將麵糰對折。 73～74 對折的接合處朝下地縱向放置，彷彿拉近至自己身前般地推滾麵糰。 75～76 麵糰拉近至自己身前後再將其推離身前，並將麵糰的方向轉動90度，再次推滾麵糰拉至自己身前。

77～80 麵糰拉近自己身前後再將其推離身前，並將麵糰的方向轉動90度，重覆由遠而近的推滾動作。 81 當麵糰如照片般表面變圓變光滑時，再進行約20分鐘的中間發酵。

82 在進行中間發酵時，將油脂類塗抹在1斤用模型的內側。 83～85 將中間發酵後的麵糰翻面後，以手掌輕輕將麵糰壓平。

86～88 拉起麵糰的左右兩端使其接合，接合處以手指捏緊貼合。 89 在工作檯上撒上手粉。 90～91 將麵糰的接合處朝上縱向放置，以手掌壓平。

整型	最後發酵 （在約35℃下60分鐘）	烤焙 （以約200℃烤30～35分鐘）

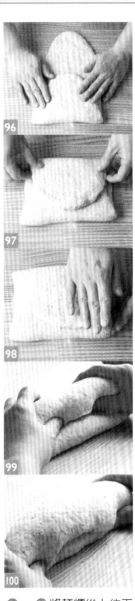

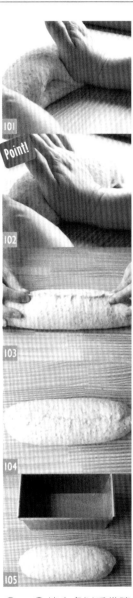

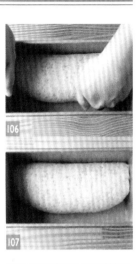

最後發酵後

92～95以擀麵棍從麵糰的中央朝上，從中央朝下地依序地進行擀壓。為使麵糰不會沾黏地，以擀麵棍擀壓後，即從工作檯上剝下麵糰後，再以擀麵棍擀壓，就可以順利地擀壓麵糰。擀壓至長度為約40cm為止。

96～97將麵糰從上往下折1／3，再由下朝上折入1／3。98為排出麵糰中殘留的二氧化碳地在麵糰上輕輕按壓。99～100將麵糰彷彿要捲至自己身前般地折疊起來。邊折邊以拇指捲緊。

101～102接合處以手掌確實按壓。103～104進而用手指捏緊接合處使其貼合。105配合模型的長度地調整麵糰的大小。

Point! 接合處確實地捏緊貼合
如果接合處沒有確實地捏緊使其貼合的話，在烤焙過程中可能就會散開了。

106接合處朝下地放入1斤用的模型中。107～108放置在約35℃的地方約60分鐘以進行最後發酵。麵糰膨脹至與模型邊緣等高時，即已完成發酵。109用蛋液與水以1:1的比例製作出的稀釋蛋液刷塗在麵糰表面，放入約200℃的烤箱中烤焙30～35分鐘。

麵包物語 + ❶
熟練麵包的正確分切方法
為了能享用到美味的麵包，在此也學會正確的麵包切法吧

以吐司模型烤焙出的麵包

最能代表吐司麵包的就是以1斤用模型烤焙出的麵包，必須將麵包倒成橫向地分切。麵包的厚度可以隨個人的喜好，但若是以吐司來食用的話，建議厚度切成1.5cm以上。

由刀尖至刀柄地大動作地移動刀子來分切。必須使用到所有的刀刃來進行分切。

法國麵包等單純的硬式麵包

法國麵包等單純的麵包，因有相當程度的厚度，所以是外側酥脆而內側柔軟，可以同時品嚐到二種的美味。

加入黑麥的麵包

加入了黑麥的麵包，會有Q彈的口感，所以太厚反而不容易食用。大約切成5mm～1cm是最適合的。

剛烤焙好的不容易分切
照片中是沒有立刻脫模地放在模型中，而造成攔腰彎折的狀態。這種狀態下的分切就更困難了。

如果是專用切刀的話　可以更容易分切

在分切麵包時，可以用專用的麵包刀(鋸齒刀)。使用料理專用的直刃菜刀或西式料理刀，會因為麵包太軟而刀刃無法順利地發揮作用。這個部份麵包刀，有針對柔軟麵包而設計的鋸齒狀，可以順利地分切麵包。

也可以和麵包刀一起準備專用的砧板。順道一提的是麵包刀的刀刃不利時，是無法磨刀後再用的，所以建議大家購買新品較好。

分切麵包時，最好避免在剛烤焙好時進行。剛烤焙好的麵包當中，含有大量的水蒸氣，是非常柔軟的狀態。在這種狀態下，即使刀子可以切入麵包當中，也會因麵包過度柔軟而無法順利地分切。最好是在稍稍放涼的狀態下分切，比較能切得漂亮。

Bagel

貝果

Q彈的麵糰越嚼越有味！

Bagel

貝果

混拌材料 ▶ 在工作檯上搓揉

材料 （約5個）

法國麵包專用粉(France)
…225g
黑麥粉(去皮去胚芽的黑
麥粉) …25g
砂糖 …13g
鹽 …5g
起酥油 …5g
新鮮酵母 …5g
(使用速溶乾酵母時2g)
水 …140g
油脂類(塗抹攪拌盆用)
…適量

所需時間
6小時30分鐘

難易度
★★★

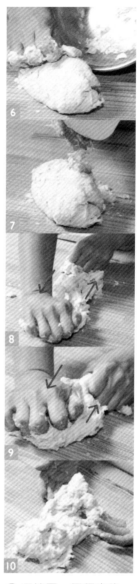

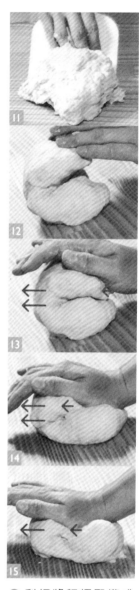

❶ 將法國麵包專用粉、黑麥粉、砂糖、鹽以及起酥油放入攪拌盆中。❷ 在另外的攪拌盆中放入新鮮酵母和水，以攪拌器混拌後倒入 ① 的攪拌盆中。❸ ～ ❺用指尖以畫圓方式在攪拌盆中混拌。

❻ 混拌至一個程度後，移至工作檯上。❼ 乾淨地刮落沾黏在手上及攪拌盆中的麵糰。❽ ～ ❿以雙手抓住麵糰在工作檯上，以手上下交替地滑動，將麵糰搓揉至全體硬度相同為止。

⓫ 刮板將麵糰聚攏成團。⓬ ～ ⓯將麵糰朝著自己身前對折，以手掌彷彿要將麵糰推出般地用力揉和。使麵糰接合處漸漸朝上地推壓揉和。

揉和 （約15分鐘、揉和完成時的溫度為26～28℃）	發酵 （在28～30℃下約30分鐘）	分割	接下頁

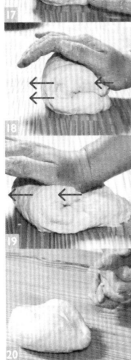

揉和 **15** 分鐘後的狀態

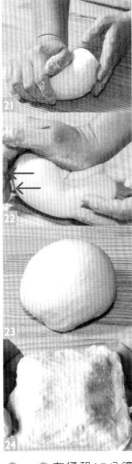

發酵後

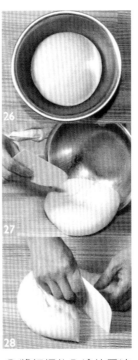

⑯ ～ ⑲ 將角度轉動90度，朝著自己身前地再度對折麵糰，彷彿壓推麵糰般地再度進行揉和。 ⑳ 作業中也必須將沾黏在手上的麵糰刮落。對折推壓揉和麵糰，變化角度再度揉和的要領，揉和約15分鐘。

㉑ ～ ㉓ 在揉和15分鐘後，麵糰的表面變得光滑平順。 ㉔ 切下部份的麵糰，確認麩質網狀結構。網狀結構如照片般的狀態時，即可開始進行接下來的作業。

㉕ 將麵糰放入塗抹了油脂類的攪拌盆中，避免乾燥地放在28～30℃的地方，發酵約30分鐘。 ㉖ ～ ㉗ 取出發酵後的麵糰放在工作檯上。 ㉘ ～ ㉙ 用刮板將麵糰切成長條棒狀。

㉚ 利用刮板將麵糰切分成80g的大小。全部切成5個。 ㉛ ～ ㉝ 剩餘的麵糰均等分切成小麵糰的數量並加入其中。

整型

最後發酵（在約35°C下約30分鐘）

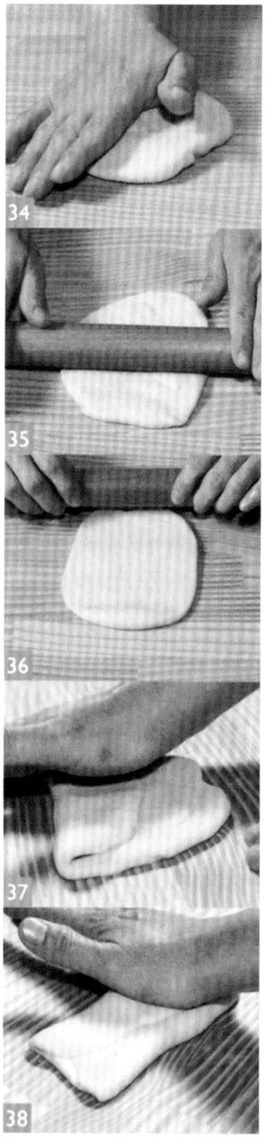

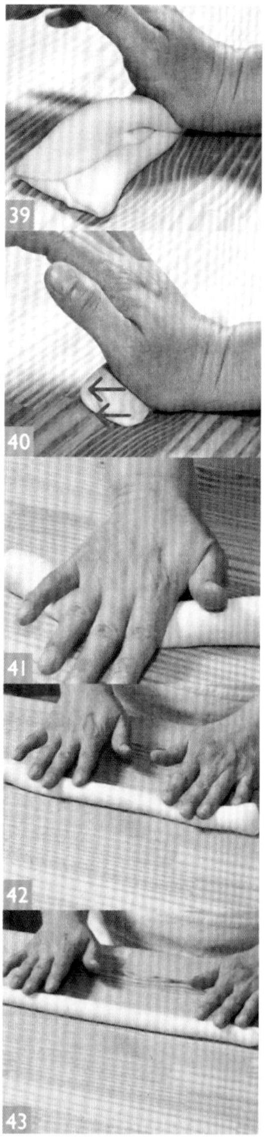

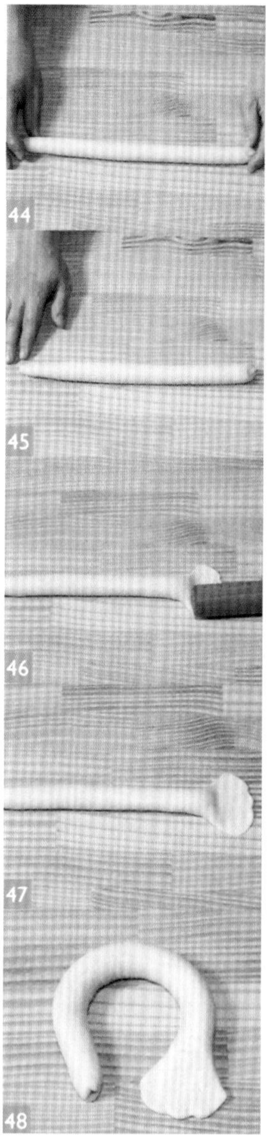

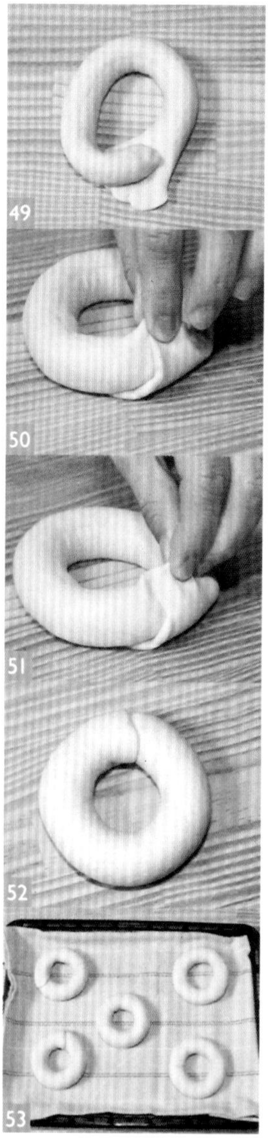

㉞用手壓平切割的麵糰。㉟～㊱利用擀麵棍擀壓成橢圓形。㊲～㊳將麵糰上端朝下折入1／3，轉動方向再次由上方朝下折入1／3。接合處以手掌輕壓。

㊴～㊵再將麵糰朝著自己的方向對折，利用手掌根部按壓貼合接口處。㊶～㊹轉動麵糰的兩端，使其成為約25cm的棒狀。

㊺推轉使麵糰成為右端稍細的狀態。㊻麵糰左端以擀麵棍擀壓開。㊼擀壓成湯匙狀即是最佳狀態。㊽～㊾把麵糰彎曲成圈狀。

㊿～(52)用左端擀壓開的部用包覆右端較細的部份，接合處必須以手指捏緊貼合。(51)的反面就是(52)的正面。(53)排放在鋪有厚布巾的烤盤中，置於35℃的地方約30分鐘進行最後發酵。利用最後發酵的時間，使用較大的鍋子煮沸熱水。

燙煮	烤焙
（兩面約1分鐘）	（約220℃烤約15分鐘）

最後發酵後

54～57用沸騰或剛沸騰過的熱水燙煮貝果。一面約煮30秒。

58～59兩面約煮1分鐘。60～61瀝乾水份，放置在舖有烤盤紙的烤盤上。62以約220℃的烤箱烤焙約15分鐘。

Q & A

Q 貝果的燙煮狀況不知該如何判斷

A1 貝果的表面少現少許皺摺，開始脹大時，就是該起鍋的訊息。必須注意的是，如果再繼續燙煮時，皺摺更多，在烤焙後表面就無法呈現光滑飽滿的樣子。

稍稍出現皺摺

在圓形麵糰的內側出現縱向的細紋，稍稍地有凹凸不平的狀態，就是該起鍋的訊息。

✕　　如果直接烤焙的話…

過度燙煮時表面會像苦瓜一樣皺巴巴的。

而烤焙後坑坑巴巴的表面會更明顯

為什麼會變得皺巴巴呢？

會因過度燙煮或最後發酵過度而產生。過度發酵的麵糰裡會存有過多的二氧化碳，而燙煮後，因麵糰急速地收縮而會造成皺巴巴的狀態。

製作人氣麵包　貝果

93

Arrange
菠菜貝果

鮮艷的綠色是其特徵

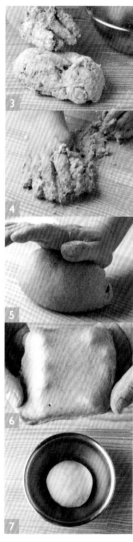
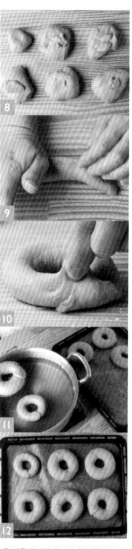
菠菜貝果

材料 （約5個）

法國麵包專用粉
(France) …225g
黑麥粉(去皮去胚芽的
黑麥粉) …25g
砂糖 …13g
鹽 …5g
起酥油 …5g
新鮮酵母 …5g
(使用速溶乾酵母時2g)
水 …70g
油脂類(塗抹攪拌盆用)
…適量

蔬菜泥的材料

菠菜(燙煮過的) …60g
水 …40g

所需時間

2小時

難易度
★★★

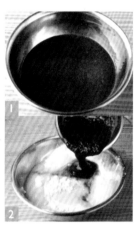

❶ 製作菠菜泥。燙煮菠菜擰乾水份,加水以果汁機一起攪打。❷ 將❶倒入裝著所有材料的攪拌盆中,用指尖以畫圓的方式混拌。

❸ 待材料成團後移至工作檯。❹ 雙手抓住麵糰,用手上下交替地滑動揉和。❺ 將麵糰搓揉至全體硬度相同後,邊推壓麵糰邊揉和約15分鐘。❻ ～ ❼ 確認麩質網狀結構形成時,將麵糰放入塗抹了油脂類的攪拌盆中,移至28～30℃的地方,發酵約30分鐘。

❽ 將發酵後的麵糰放在工作檯上,分割成80g的大小。如果剩下40g以上的麵糰,則整合成較小的形狀。❾ ～ ❿ 參考P.92的㉞ ～ ㊾ 整型。完成後與P.92的㊿ 般進行最後發酵。⓫ 放入煮沸或剛煮沸過的熱水中燙煮約1分鐘。⓬ 以220℃的烤箱烤焙約15分鐘。

Arrange
核桃貝果

核桃的芳香的風味更能提味

核桃貝果的製作流程

混拌材料 → 揉和(約15分鐘) → 將核桃加入麵糰中混拌揉和 → 發酵(在28～30℃下約30分鐘) → 分割 → 整型 → 最後發酵(在約35℃下約30分鐘) → 燙煮(約1分鐘) → 烤焙(以約220℃烤約15分鐘)

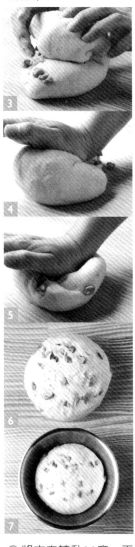

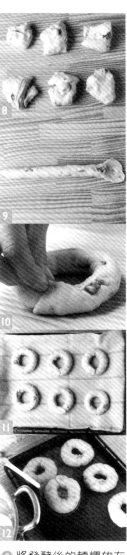

核桃貝果

材料 (約5個)

P.90的材料

核桃 …75g

① 參考P.90的①～P.91的㉔製作麵糰。壓平麵糰後,放上切成粗粒的核桃,不使核桃散落地用手將核桃壓入麵糰中。② 用麵糰包捲起核桃。

③ 將方向轉動90度,再次捲起麵糰。④～⑤以手掌按壓麵糰,使核桃能均勻地混入麵糰地揉和約15分鐘。⑥ 如照片中的狀態即已完成。⑦將麵糰放入塗抹了油脂類的攪拌盆中,放在28～30℃的地方,發酵約30分鐘。

⑧ 將發酵後的麵糰放在工作檯上,分割成80g的大小。如果剩下40g以上的麵糰,則整合成較小的形狀。⑨～⑩ 參考P.92的㉞～㊼整型。⑪完成後與P.92的㊿般進行最後發酵。⑫ 放入煮沸或剛煮沸過的熱水中燙煮約1分鐘。以220℃的烤箱烤焙約15分鐘。

所需時間

2小時

難易度

★★★

藍莓貝果

藍莓的酸甜滋味格外鮮明

藍莓貝果

材料 （約5個）
P.90的材料
乾燥藍莓 …75g

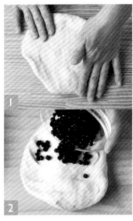

所需時間

2小時

難易度
★★★

(藍莓貝果的製作流程)

混拌材料 →揉和(約15分鐘) →將藍莓加入麵糰中混拌揉和→ 發酵(在28～30℃下約30分鐘) →分割→整型→最後發酵(在約35℃下約30分鐘) →燙煮(約1分鐘) →烤焙(以約220℃烤約15分鐘)

❶ 參考P.90的 ① ～P.91的 ㉔ 製作麵糰。❷ 確認麩質網狀結構形成後，壓平麵糰，放上藍莓，不使藍莓散落地用手將藍莓壓入麵糰中。

❸ 將麵糰包捲起來。❹ 轉動方向，再次捲起麵糰。❺ 使藍莓均勻地混入麵糰地揉和。❻ 將麵糰放入塗抹了油脂類的攪拌盆中，放在28～30℃的地方，發酵約30分鐘。❼ 將發酵後的麵糰放在工作檯上，分割成80g的大小。如果剩下40g以上的麵糰，則整合成較小的形狀。

❽ ～ ❾ 參考P.92的 ㉞ ～ ㊵ 整型。❿ 排放在舖有厚布巾的烤盤中，置於約35℃的地方約30分鐘，進行最後發酵。⓫ 在剛煮沸過的熱水中燙煮約1分鐘。⓬ 以220℃的烤箱烤焙約15分鐘。

Arrange
蕃茄貝果

蕃茄的艷麗色彩引人注目！

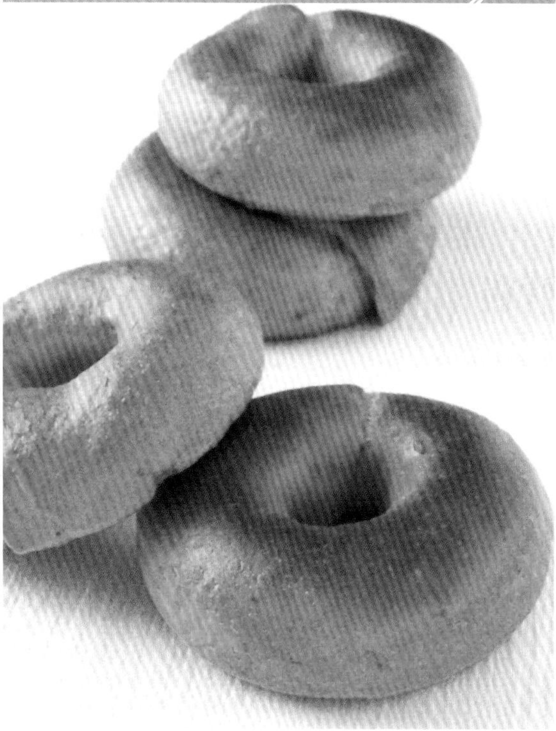

蕃茄貝果

材料 (約5個)

法國麵包專用粉(France) …225g
黑麥粉(去皮去胚芽的黑麥粉) …25g
砂糖 …13g
鹽 …5g
起酥油 …5g
新鮮酵母 …5g
(使用速溶乾酵母時2g)
油脂類(塗抹攪拌盆用) …適量
水煮蕃茄(切成細粒) …170g

所需時間
2小時

難易度
★★★

蕃茄貝果的製作流程

混拌材料→摔打揉和(約7分鐘)→推壓揉和(約7分鐘)→發酵(在28～30℃下約30分鐘)→分割→整型→最後發酵(在約35℃下約30分鐘)→燙煮(約1分鐘)→烤焙(以約220℃烤約15分鐘)

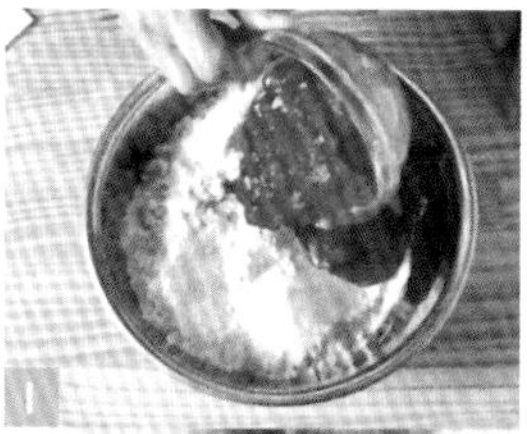
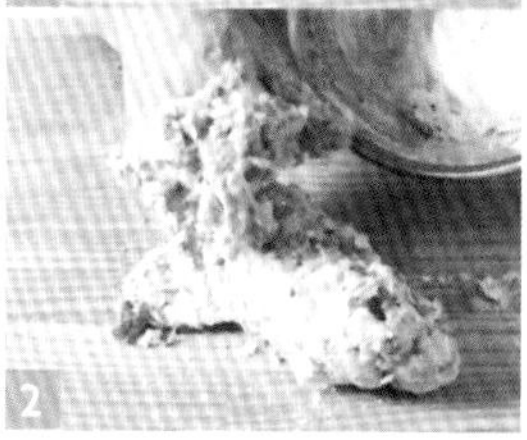
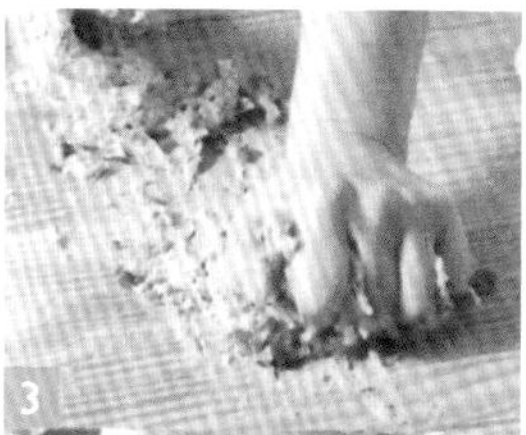
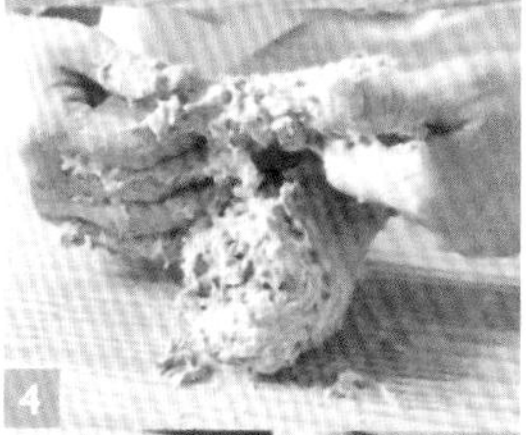
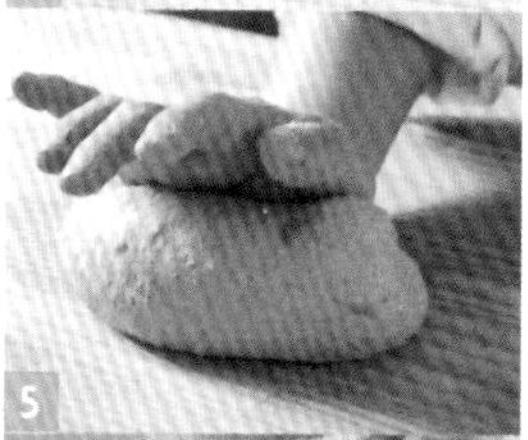
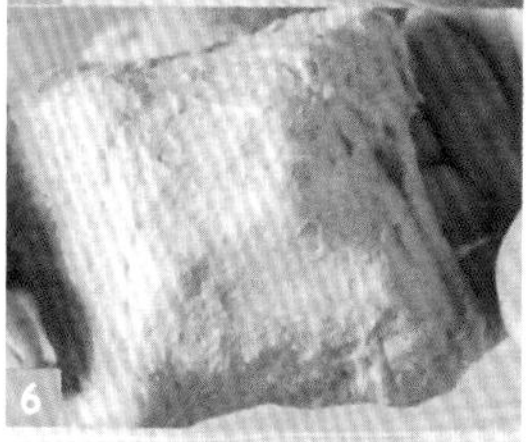
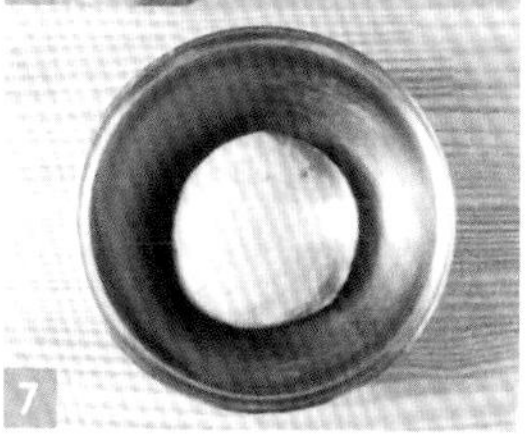
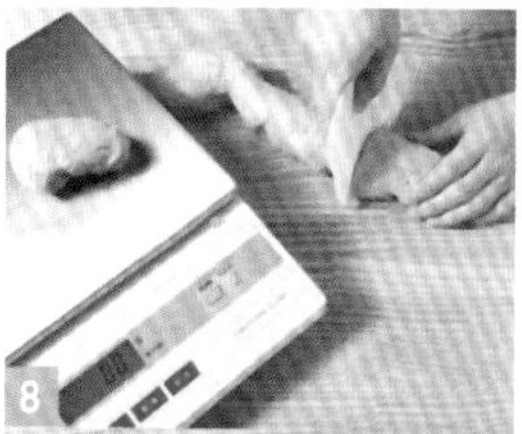
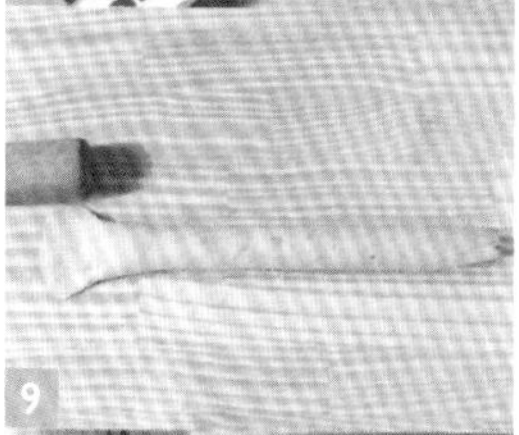
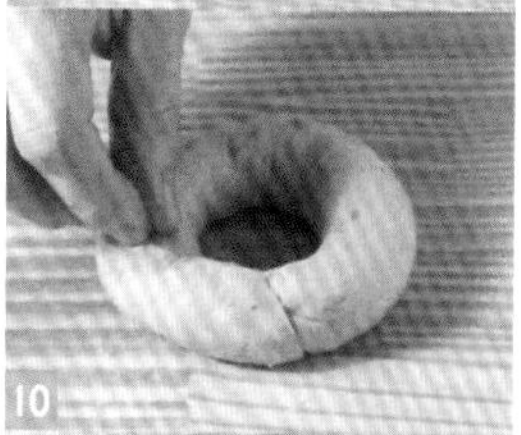
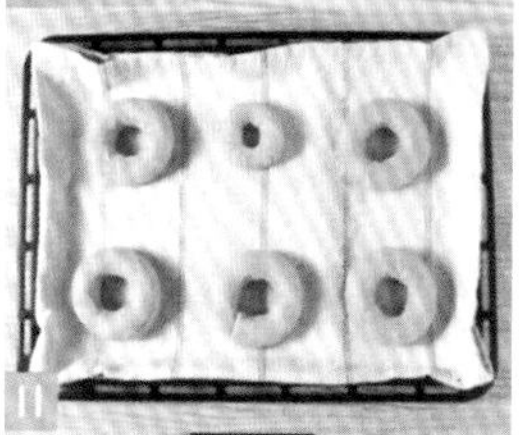
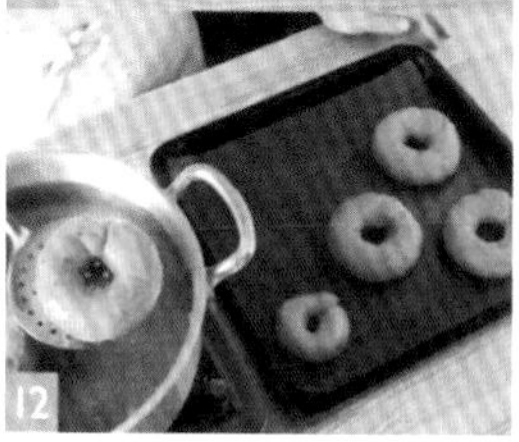

❶ 在攪拌盆內放入法國麵包專用粉、黑麥粉、砂糖、鹽、起酥油等。新鮮酵母用手揉碎一起加入。再放進水煮蕃茄。❷ 用指尖以畫圓的方式混拌。混拌至材料成形後，移至工作檯上。

❸ 以雙手上下交替地滑動，將麵糰搓揉至全體硬度相同為止。❹ 依P.85的55～57的要領，摔打揉和約7分鐘。❺ 邊推壓麵糰邊揉和約7分鐘。❻～❼ 確認麩質網狀結構形成後，將麵糰放入塗抹了油脂類的攪拌盆中，放在28～30℃的地方，發酵約30分鐘。

❽ 將發酵後的麵糰放在工作檯上，分割成80g的大小。如果剩下40g以上的麵糰，則整合成較小的貝果。❾～❿ 參P.92的34～52整型。⓫ 整型後以同樣條件進行最後發酵。⓬ 在剛煮沸過的熱水中燙煮約1分鐘。以220℃的烤箱烤焙約15分鐘。

麵包物語 + ①

三明治貝果的美味搭配

酥脆、Q彈...在此介紹各種讓人上癮貝果三明治的變化

奶油起司& 煙燻鮭魚& 酸豆	萵苣& 火腿片& 起司	鮮蝦& 酪梨& 美乃滋

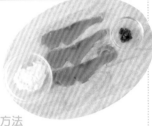

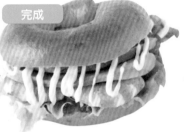

製作方法
在貝果上塗上大量的奶油起司,再舖放上煙燻鮭魚和少許的酸豆。

製作方法
舖放上瀝乾的萵苣、切成薄片的巧達起司和火腿片。用不同口味的火腿片變化口味,也很美味。

製作方法
舖放上瀝乾的萵苣、燙煮過的鮮蝦以及切成5mm厚的酪梨,最後再澆淋上大量的美乃滋。

完成

完成

完成

這樣也OK
最基本的貝果當然用的是藍莓果醬,而奶油起司中也可以加入切碎的桃核粒。

這樣也OK
萵苣、蕃茄和培根的BTL組合也很不錯。將萵苣及蕃茄等蔬菜加入其中,美味更健康。

這樣也OK
改用雞胸來代替鮮蝦也很適合。酪梨也可以先用檸檬汁和醬油的醬汁煎香。

貝果可以有無限大的組合 起司、火腿以及果醬…

具有獨特Q彈口感的貝果,不但製作方法簡單,而且也不用花太多時間,是最建議初學者製作的麵包。可以有多重風味變化,也是貝果的特徵,在基本麵糰中加入核桃、葡萄乾等個人喜好的材料,就可以簡單地做出不同的變化。

再者,更能提引出貝果風味的三明治組合,讓美味倍增。最基本的是奶油起司、藍莓果醬的搭配,煙燻鮭魚也很適合搭配核桃。也可以利用萵苣、火腿、鮮蝦等自己喜歡的食材,做出各式各樣的搭配,發現美食新組合。

做成三明治時,可以直接食用,也可先將貝果烘烤2~3分鐘後,再製成三明治可以增添Q彈的咬勁,是更具口感的享用方式。

Schweizerbrotchen

德國黑麥麵包

雖然口味單純,卻更能提引出黑麥樸實的美味

德國黑麥麵包

材料 （約5個）

法國麵包專用粉(France)
…200g

黑麥粉 …50g

鹽 …5g

脫脂奶粉 …5g

麥芽糖漿 …1g

起酥油 …5g

速溶乾酵母 …4g

水 …165g

油脂類(塗抹攪拌盆用)
…適量

所需時間
3小時

難易度
★ ★ ★

混拌材料	在工作檯上搓揉

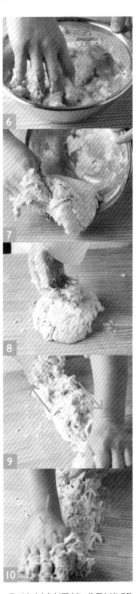

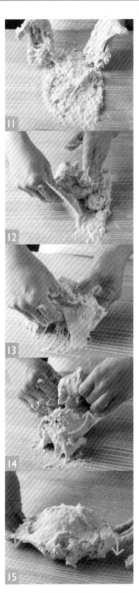

❶ 在攪拌盆中放入法國麵包專用粉、黑麥粉、鹽、脫脂奶粉、起酥油、速溶乾酵母一起混拌。❷ ～ ❸ 在另外的攪拌盆中放入麥芽糖漿和水，以手指使其溶合。❹ ～ ❻ 將 ② 的材料加入 ① 的攪拌盆中，在攪拌盆中用手指以畫圓的方式混拌。

❼ 待材料混拌成形後移至工作檯上。❽ 以刮板乾淨地刮落沾黏在手指及攪拌盆中的麵糰。❾ ～ ❿ 以雙手抓住麵糰，在工作檯上以手上下交替滑動地搓揉麵糰。

⓫ ～ ⓬ 待麵糰的硬度均勻時，以刮板聚攏麵糰並刮落沾黏在手上的麵糰。⓭ 將指尖插入麵糰底部，將麵糰提舉起來。⓮ 邊翻轉麵糰邊將麵糰下端摔打在工作檯上。⓯ 將手上的麵糰覆蓋在下端麵糰上。

摔打揉和 （約5分鐘）	推壓揉和 （約5分鐘）	發酵 （在28～30℃下約60分鐘）	分割	滾圓 接下頁

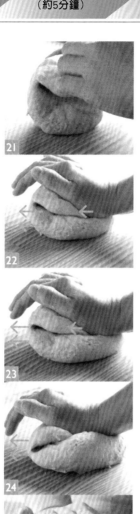

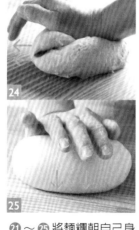

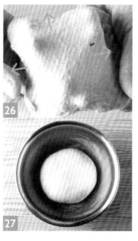

發酵後

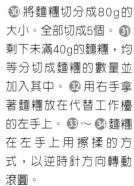

🄰 製作人氣麵包

德國黑麥麵包

⑯ ～ ⑲ 邊轉動變換麵糰的方向，邊以⑬ ～ ⑮ 的要領繼續摔打揉和麵糰。⑳ 當麵糰表面變得平整光滑時，乾淨地刮落沾黏在手上的麵屑並整合至麵糰中。

㉑ ～ ㉕ 將麵糰朝自己身前對折，用手掌彷彿按壓對折接合處般地揉和麵糰。推壓揉和並使接合處能漸漸朝上。接著變換角度方向繼續相同的揉和。重覆進行約5分鐘。

㉖ 切下部份的麵糰，確認麩質網狀結構。㉗ 網狀結構如照片般的狀態時，將麵糰放入塗抹了油脂類的攪拌盆中，避免乾燥地放在28～30℃的地方，進行約60分鐘的發酵。㉘ 完成發酵時，麵糰比發酵前膨脹約2倍。㉙ 將麵糰取出放在工作檯上。

㉚ 將麵糰切分成80g的大小。全部切成5個。㉛ 剩下未滿40g的麵糰，均等分切成麵糰的數量並加入其中。㉜ 用右手拿著麵糰放在代替工作檯的左手上。㉝ ～ ㉞ 麵糰在左手上用擦揉的方式，以逆時針方向轉動滾圓。

最後發酵後

㉟ 不用滾到正圓形，輕輕滾圓即可。㊱ 收口處朝下地覆蓋上塑膠袋，進行約15分鐘的中間發酵。㊲ ～ ㊳ 翻轉完成中間發酵後的麵糰，以手掌壓平。

㊵ ～ ㊷ 將麵糰上端的1／3向下折疊，轉動方向，再次向下折疊1／3。折疊的接合處以手掌按壓。㊸ ～ ㊹ 再次將麵糰朝自己的方向對折，接合處以掌根壓平貼合。

㊺ ～ ㊻ 在工作檯上以雙手轉動麵糰的兩端使其成為棒狀。㊼ 將厚布巾舖放在烤盤上，做出凹槽，將麵糰放置在凹槽內，放在約32℃的地方，約50分鐘進行最後發酵。㊽ 最後發酵的麵糰會膨脹約1.5～2倍。

㊾ 將烤盤放入烤箱中一起預熱。在工作檯上舖放烤盤紙後排放麵糰。㊿ ～ ㊿ 以割紋刀縱向地劃切出割紋。㊿ 連同烤盤紙一起移至烤箱中拿出的烘熱烤盤，用噴霧器噴水，以約230℃的烤箱烤焙約20分鐘。

Cinnamon Roll

肉桂捲

包捲了肉桂砂糖的高雅甜味是最大的特徵

肉桂捲

材料 （底部直徑約8cm的
鋁箔杯）

高筋麵粉(Camellia) …
250g

砂糖 …40g

鹽 …4g

脫脂奶粉 …10g

奶油(室溫) …50g

雞蛋 …75g

新鮮酵母 …8g

(使用速溶乾酵母時4g)

水 …90g

肉桂粉 …1小匙

融化奶油(整型用) …30g

肉桂砂糖 …100g

(砂糖95g混拌5g的肉桂粉

蛋液(完成時用)、手粉、

油脂類(塗刷攪拌盆用)

…各適量

所需時間

3小時30分鐘

難易度
★★★

混拌材料　　在工作檯上搓揉

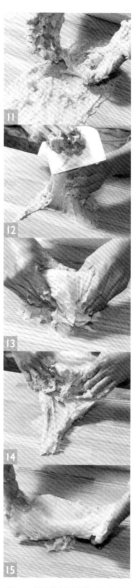

① 在攪拌盆中放入高筋麵粉、砂糖、鹽、脫脂奶粉、肉桂粉。② ～ ③ 在另外的攪拌盆中放入新鮮酵母和水以攪拌器混拌，加入雞蛋並以攪拌器混拌。④ ～ ⑤ 在①的攪拌盆中加入③的材料，用手指以畫圓的方式混拌。

⑥ ～ ⑦ 待材料混拌成形後移至工作檯上。以刮板乾淨地刮落沾黏在手指及攪拌盆中的麵糰。⑧ ～ ⑩ 以雙手抓住麵糰，在工作檯上以手上下交替地滑動地搓揉麵糰。

⑪ ～ ⑫ 待麵糰的硬度均勻時，以刮板聚攏麵糰並刮落沾黏在手上的麵糰。⑬ 將指尖插入麵糰底部，將麵糰提舉起來。⑭ 邊翻轉麵糰邊將麵糰下端摔打在工作檯上。⑮ 將手上的麵糰覆蓋在下端麵糰上。

揉和 （約15分鐘）	搓揉包裹住奶油的 麵糰	揉和 （約20分鐘）	接下頁

揉和 **15**分鐘後
的狀態

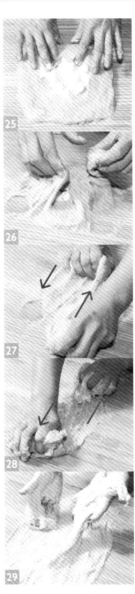

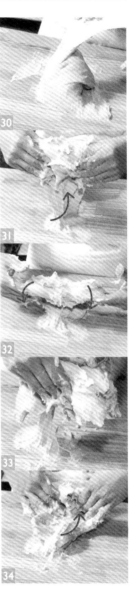

⑯ ～ ⑲ 邊轉動變換麵糰
的方向，邊以⑬～⑮的
要領重覆揉和麵糰約
15分鐘。⑳ 摔打揉和麵
糰時必須不時地用刮板
刮落沾黏在手上的麵
糰。雖然是柔軟又黏手
的麵糰，但必須很有耐
心地充份進行揉和作業。

㉑ ～ ㉓ 當麵糰不再沾黏
在工作檯上，表面呈平
整光滑時，即可。㉔ 切
下部份的麵糰，確認麩
質網狀結構，網狀結構
如照片般的狀態時，將
麵糰放回原麵糰中，即
可開始進行下個作業了。

㉕ 將麵糰壓平，放上奶
油。㉖ 以四邊的麵糰包
覆奶油。㉗ ～ ㉘ 用兩手
抓住麵糰，以手掌上下
動作，在工作檯上搓揉
麵糰。㉙ 搓揉至麵糰
整體的硬度均勻為止。

㉚ 以刮板將麵糰聚攏整
合為一。㉛ ～ ㉜ 以⑬～
⑮的要領將手上的麵糰
覆蓋在下端麵糰上。邊
轉動變換麵糰的方向，
邊持續摔打覆蓋的動作
重覆進行20分鐘。雖然
剛開始作業時麵糰相當
柔軟困難，但不可以使
用手粉。

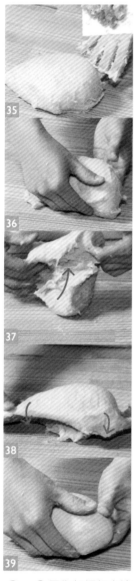

揉和 **5**分鐘後
的狀態

發酵後

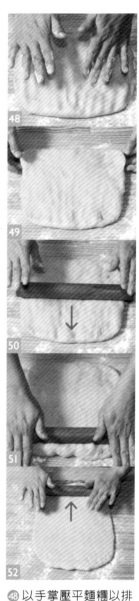

㉟〜㊴ 因為麵糰相當地柔軟，所以剛開始的揉和作業非常困難，但不可以使用手粉。持續不斷地揉和之後，麵糰會越來越成形。

㊵〜㊷ 開始揉和經過20分鐘後，麵糰就不會再沾黏在工作檯上，也會漸漸產生光澤。

㊹ 切下部份的麵糰，確認麩質網狀結構。網狀結構如照片般的狀態時，即是麵糰已成形了。㊺ 將麵糰放入塗抹了油脂類的攪拌盆中，避免乾燥地放在28〜30℃的地方，發酵約60分鐘。㊻〜㊼ 取出發酵後的麵糰，放在撒有手粉的工作檯上。

㊽ 以手掌壓平麵糰以排出麵糰內的二氧化碳。
㊾ 擀壓麵糰並將麵糰的形狀整合成方形。㊿〜52 用擀麵棍以麵糰中央為起點地朝上或朝下擀壓。

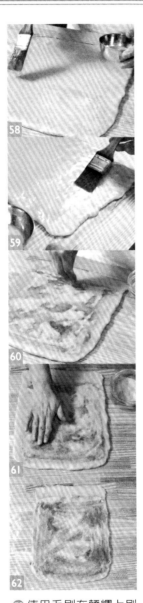

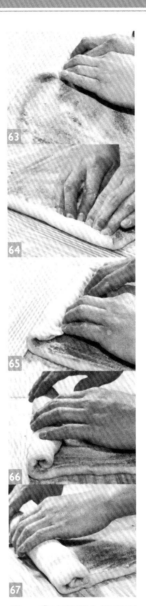

53~55 必須不時地將麵糰從工作檯上剝離，以便於擀麵棍的推擀。56 在身前2cm處的麵糰邊緣，以擀麵棍擀壓成稍薄的狀態。57 最後麵糰成為長35cm×寬25cm的長方形。

58 使用毛刷在麵糰上刷塗融化奶油。59 在56中擀壓得稍薄的邊緣，因為是捲起時的收口處，所以不塗抹奶油。60~62 在麵糰上撒上肉桂砂糖，並以手掌推平。在收口處邊緣不撒放肉桂砂糖。

63~65 由麵糰上端向下捲動，以手指按壓做成捲軸的軸芯。66~67 用手邊整合形狀邊慢慢地捲起麵糰。

68~72 捲至最後2cm處，將麵糰覆蓋在捲軸上，並以手指捏緊貼合收口處。

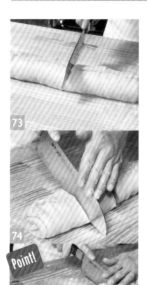

最後發酵後

73 在麵糰的正中央處，一股作氣地切下。74～75 分切成2等份的麵糰再各切成4等份，全部共有8個。

Point! 在分割麵糰時，必須一股作氣

在分切麵糰時，刀子由上朝下，一股作氣地壓入麵糰中切下，會比較容易分切。

76 在烤盤上排放鋁箔杯，將麵糰的橫切面朝上地放置。77～78 橫切面以手加以推開，並將其整型成與鋁箔杯等高。79 放置在35℃的地方，進行約50分鐘的最後發酵。80～81 刷塗上蛋液，放入約210℃的烤箱烤焙10～12分鐘。

RESCUE!
如果形狀散亂難以整型時...
先切除捲好的麵糰前端，用以整型

這就是原因

一邊太薄

厚度不均勻

捲起後，再以下面的方法來整型。如左圖般的形狀，因為很難修正形狀，所以先將麵糰捲起，收口處以手指捏緊貼合。

RESCUE!

1 捲起，收口處以手指捏緊貼合。

2 麵糰再分切成8等分。邊緣切下。切下的麵糰兩端捲起處散亂不整齊時，可以用切子將其切成8分。在鋁箔杯底部先將2切下的麵糰放在底部，再以磅秤量測重量。

3 麵糰放在底部，再以磅秤量測重量。每個大約70g前後。雖然捲起的形狀有些散亂，但仍先將麵糰切成8分。接著再將切好的麵糰疊放再疊放再量測重量，如果8個麵糰重量差不多，之後再參考77～81的作業進行烤焙。即可。

Arrange
葡萄肉桂麵包
肉桂與葡萄乾是黃金組合

(葡萄肉桂麵包的作業流程)

混拌材料 → 揉和(約15分鐘) → 加入奶油 → 揉和(約20分鐘) →
將葡萄乾混拌至麵糰中 → 發酵(在28～30℃下約60分鐘) → 分
割 → 滾圓 → 中間發酵(約15分鐘) → 整型 → 最後發酵(在約35℃
下約40分鐘) → 烤焙(以約210℃烤約10～12分鐘)

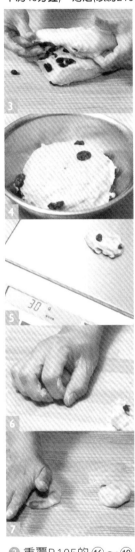

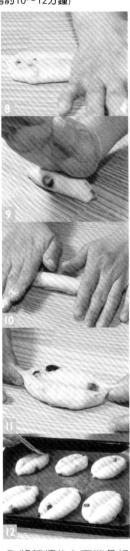

葡萄肉桂麵包
材料 （約10個）
P.104的材料
葡萄乾 …80g

所需時間
3小時

難易度
★★★

❶ 參考P.104的 ① ～ ㊹ 製作麵糰。❷ 將麵糰壓平，放上葡萄乾，由下向上捲起。

❸ 重覆P.105的 ⑯ ～ ⑲ 的動作2～3分鐘，將葡萄乾均勻混拌至麵糰中。❹ 放入攪拌盆中發酵約60分鐘。❺ 放置在撒有手粉的工作檯上，分切成30g大小。❻ 依P.71的 ⑫ ～ ⑯ 的要領將麵糰滾圓，進行中間發酵約15分鐘。❼ 放在撒有手粉的工作檯上，將收口處朝上地壓平麵糰。

❽ 將麵糰的上下端各折疊1／3，並將折疊處壓平。❾ 再將麵糰對折，按壓接合處。❿ 轉動麵糰的兩端使其成為棒狀。⓫ 將兩個棒狀麵糰並排橫放，以手指將麵糰兩端抓緊貼合。⓬ 排放在舖有烤盤紙的烤盤上，最後發酵40分鐘，塗抹上蛋液後，烤焙。

麵包物語 + ①

探索麵包與材料間的關係

為什麼僅只是大量地放入1種副材料，就可以完全改變風味呢？

麵包的主要原料

① 麵粉
存在於麵粉中的麩質，只要和水一起就可以形成薄膜組織，而鎖住酵母產生的二氧化碳。

③ 酵母
酵母會吸收麵糰內的糖份而產生二氧化碳，因而使麵糰膨脹。有新鮮酵母和乾燥酵母。

② 水
因和麵粉混拌揉和，製作出麵粉中的麩質組織，藉由發酵而使其如風帆般膨脹起來。

④ 鹽
可以緊實麩質網狀結構，並產生彈力。如果沒有鹽，麵糰會變得鬆弛而難以成形。

| 砂糖 | 雞蛋 | 牛奶 | 油脂類 |

作用
是酵母的營養來源，有助於發酵。可以為麵糰帶來甜味及濕潤度，也有助於烘烤色澤的呈現。
砂糖比例較高的麵包
甜味捲、哈密瓜麵包以及肉桂捲等，相對於粉類，都是含有15％以上的砂糖用量。

作用
可以讓麵糰的伸縮彈性變好，並且可以有濕潤及鬆軟的口感。塗抹在麵糰表面時，對於烘烤色澤也有相當大的助益。
雞蛋比例較高的麵包
相對於粉類，皮力歐許的材料中約有50％是雞蛋。甜味捲中大約含有30％。

作用
牛奶中所含的乳糖，可以讓麵包烤焙出漂亮的烘焙色澤。此外，對於香甜風味的提引也很有幫助。
牛奶比例較高的成品
司康製作時，相對於粉類，牛奶大約占了40％，接近一半的份量。

作用
在烘烤時，可以讓麵糰膨脹得更好。在折疊麵糰中，對於油脂層的製作也有其作用。
油脂類比例較高的成品
在麵糰中比例最高的就是皮力歐許。折疊麵糰的麵包類也有豐富的含量。

材料間的化學變化——複雜的相互作用，

麵包的風味，是由材料的種類及配比、揉和時間及發酵狀態等各種要素組合起來所產生的。其中基本材料之外的副材料，也是影響麵包風味變化的重要關鍵。

例如，奶油捲和皮力歐許的基本材料，幾乎是相同的。但奶油和雞蛋的用量，相較於奶油捲，皮力歐許的含量幾乎多了將近3倍，因此口感及香氣也完全不同。砂糖因對於酵母有重要的作用，因此兩種麵包都含有砂糖。

本書當中，雖然硬式麵包中都有添加了麥芽糖漿，這對於基本發酵具有補助的作用。但即使取代砂糖地加入麥芽糖漿，也無法更加促進發酵作用。

咖哩麵包

鮪魚玉米麵包

Curry bread, Tuna & Corn bread, Pizza bread

調理麵包

在此介紹調理麵包中最受歡迎的三種

Point

咖哩麵包的炸油若使用
起酥油(Shortening)可以製作出
更香酥的口感

咖哩麵包的內餡也不能煮得過軟

披薩麵包

咖哩麵包

混拌材料　　在工作檯上搓揉

材料 （10個）

高筋麵粉(Camellia)
…200g

低筋麵粉 …50g

砂糖 …20g

鹽 …5g

脫脂奶粉 …10g

起酥油 …25g

雞蛋 …50g

新鮮酵母 …9g

(使用速溶乾酵母時4g)

水 …115g

手粉、油脂類(塗刷攪拌
盆用) …各適量

咖哩麵包內餡的材料

沙拉油(拌炒用) …1大匙

洋蔥 …1／2個

紅蘿蔔 …1／6根

豬絞肉 …80g

馬鈴薯 …大的1個

(調整硬度)

即溶咖哩塊 …50g

咖哩粉、水、鹽、胡椒
…各適量

油炸時的必要材料

起酥油或沙拉油 …2L以上

麵包粉、蛋液 …各適量

所需時間

3小時

難易度
★★★

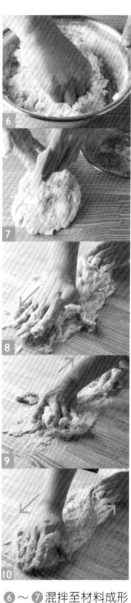

❶ 在攪拌盆中放入高筋麵粉、低筋麵粉、砂糖、鹽以及脫脂奶粉。

❷～❸ 在另外的攪拌盆中放入新鮮酵母和水，用攪拌器混拌，加入雞蛋後繼續以攪拌器拌勻。❹～❺ 在①的攪拌盆中放入③的材料，用手指以畫圓的方式混拌。

❻～❼ 混拌至材料成形後，移至工作檯上。以刮板乾淨地刮落沾黏在手指及攪拌盆上的麵糰。❽～❿ 以雙手抓住麵糰，在工作檯上，以手上下交替地滑動搓揉麵糰。

⓫～⓬ 待麵糰的硬度均勻時，以刮板聚攏麵糰並刮落沾黏在手上的麵糰，一起揉入麵糰中。⓭ 將指尖插入麵糰底部，將麵糰提舉起來。⓮ 邊翻轉麵糰邊將麵糰下端摔打在工作檯上。⓯ 將手上的麵糰覆蓋在下端麵糰上。重覆⓭～⓯約10分鐘。

※揉和完成的溫度為26～28℃

揉和 （約10分鐘）	搓揉包裹住起酥油的麵糰	揉和 （約10分鐘）	發酵 （在28～30℃下約50分鐘）	接下頁

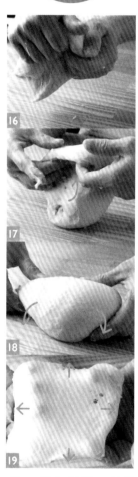

揉和 10分鐘後 的狀態

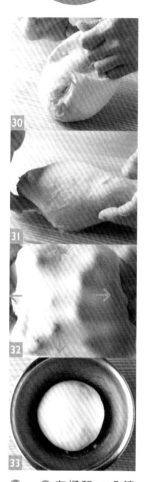

揉和 10分鐘後 的狀態

⑯～⑱ 在揉和10分鐘後，麵糰已經不會再沾黏在工作檯上了。⑲ 切下部份的麵糰，確認麩質網狀結構。網狀結構如照片般的狀態時，即可進行下個作業。

⑳ 將麵糰壓平，放上起酥油。㉑ 以四邊的麵糰包覆起酥油。㉒～㉓ 抓住麵糰，以手的上下動作，在工作檯上搓揉麵糰和起酥油。㉔ 搓揉至起酥油溶入麵糰為止地持續㉒～㉓的動作。

㉕ 以刮板將麵糰聚攏整合為一。並刮落手上沾黏的麵糰。㉖～㉙ 轉動變換麵糰的方向，邊持續以 ⑬～⑮ 的要領，繼續揉和約10分鐘。

㉚～㉛ 在揉和10分鐘後，麵糰就完全成形了。㉜～㉝ 切下部份的麵糰，確認麩質網狀結構。當網狀結構如照片般的狀態時，即可將麵糰放入塗抹了油脂類的攪拌盆中，避免乾燥地放在28～30℃的地方，發酵約50分鐘。

113

製作咖哩麵包的內餡 → 分割 → 滾圓

製作咖哩麵包的內餡

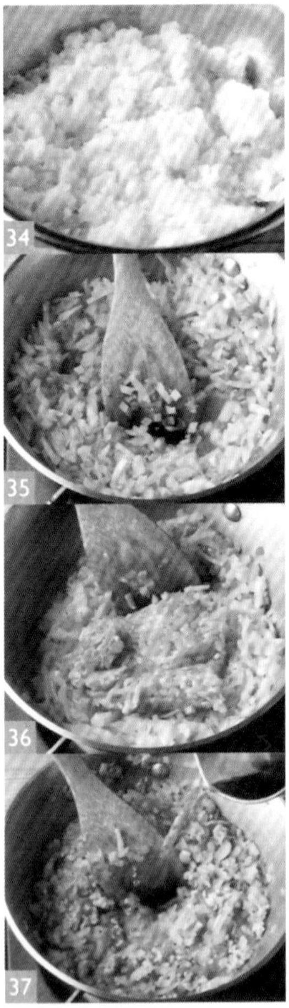

㉞削去馬鈴薯的皮，煮過後壓碎待用。㉟在鍋中加熱沙拉油，炒香切碎的紅蘿蔔及洋蔥。㊱洋蔥炒透之後，加入豬絞肉拌炒，加入鹽及胡椒調味。㊲再加入足夠熬煮的水。

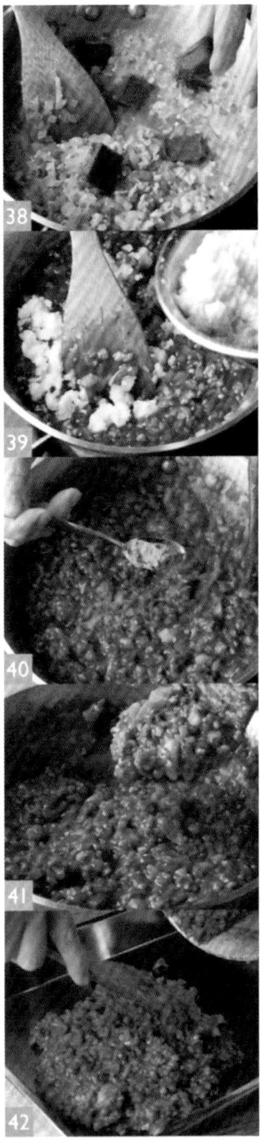

㊳加入咖哩塊充份混拌。㊴煮至全體產生濃稠時，逐次少量地加入㉞的馬鈴薯以調整硬度。㊵辣味不足時，可以再加入咖哩粉。㊶熬煮至紅豆泥般的硬度時即可熄火。㊷攤放在方型淺盤上放涼。

發酵後

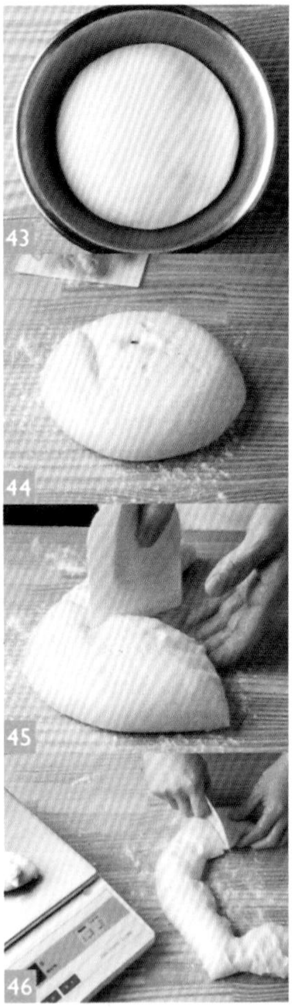

㊸～㊹將發酵後的麵糰取出放在撒有手粉的工作檯上。㊺～㊻將麵糰切割成棒狀，再分割成每個45g的大小。全部共可切成10個。

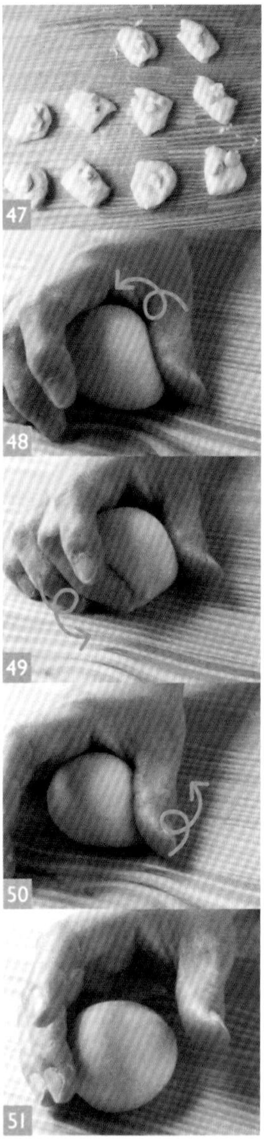

㊼當剩餘的麵糰未滿20g時，將其等分成切好的麵糰數並加入其中。㊽～(51)將手彎曲成像貓瓜的姿勢把麵糰包起來，以逆時針方向磨擦方式旋轉麵糰，將所有的麵糰滾圓。

中間發酵 （約15分鐘）	整型	最後發酵 （在約35℃下40～50分鐘）	油炸 （以約170℃的油鍋 炸7～8分鐘）

最後發酵後

52～53 將滾圓的麵糰並排放置，蓋上塑膠袋，中間發酵約15分鐘。**54～55** 在撒有手粉的工作檯上，壓平中間發酵後的麵糰。再以擀麵棍擀壓成橢圓形。**56** 將麵糰放置在手掌心。

57 以刮杓舀取咖哩麵包的內餡，放在麵糰上。**58～61** 邊以手心包覆邊拉提麵糰的邊緣，將咖哩的內餡包起來。如果沒有將咖哩內餡包妥，一旦入了油鍋餡料就會流出來。在油鍋中流出內餡是非常危險的，所以收口處一定要捏緊貼合。

62～64 依序在麵糰裹上蛋液及麵包粉。**65～66** 並排在舖放著布巾的烤盤上，以手壓平後放置在約35℃的地方，進行約40～50分鐘的最後發酵。

Point! 如果最後發酵不足時，麵糰會出現裂痕

最後發酵不足的麵糰表面會出現裂痕。

67 將起酥油或沙拉油加熱至約170℃，收口處朝下地放入麵糰。**68～69** 單面3～4分鐘，兩面大約是7～8分鐘，是建議參考的油炸時間。**70** 油炸成金黃色時，起鍋在油網中瀝乾油脂。

製作人氣麵包

咖哩麵包

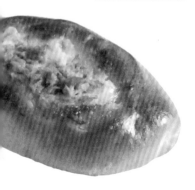

Tuna & Corn bread

鮪魚玉米麵包

材料 （約7個）

高筋麵粉(Camellia)
…250g
砂糖 …20g
鹽 …4g
脫脂奶粉 …5g
起酥油 …20g
雞蛋 …25g
新鮮酵母 …8g
(使用速溶乾酵母時4g)
水 …140g
蛋液(完成時用)、手粉、
油脂類(塗刷攪拌盆用)
…各適量

裝飾搭配的材料
鮪魚 …1小罐
玉米 …80g
美乃滋 …適量

所需時間

3小時

難易度
★★★

混拌材料 ▶ 在工作檯上搓揉

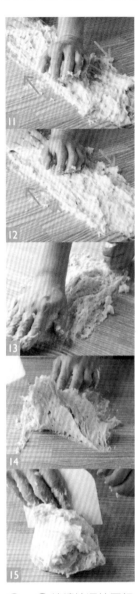

❶ 在攪拌盆中放入高筋麵粉、砂糖、鹽以及脫脂奶粉。❷～❸ 在別的攪拌盆中放入新鮮酵母和水，以攪拌器混拌，再加入雞蛋並以攪拌器混拌。❹ 將③的材料倒入①的攪拌盆中。❺～❼ 用手指以畫圓的方式混拌。

❽ 攪拌盆中的材料混拌至成形後，移至工作檯上。乾淨地刮落手上及攪拌盆上沾黏的麵糰。❾～❿ 以雙手抓住麵糰，在工作檯上，以手上下交替地滑動搓揉麵糰。

⓫～⓭ 持續地混拌至麵糰全體硬度均勻為止。⓮～⓯ 全體硬度均勻之後，以刮板整合工作檯上的麵糰，並刮落沾黏在手上的麵糰。

116

揉和
（約10分鐘）

搓揉包裹住起酥油的麵糰

接下頁

揉和 **10**分鐘後
的狀態

⑯ 將指尖插入麵糰底部，將麵糰提舉起來。⑰ 將手上的麵糰覆蓋在下端麵糰上。⑱ ～ ⑳ 轉動變換麵糰的方向，邊以 ⑯ ～ ⑰ 的要領重覆摔打揉和的動作約10分鐘。

㉑ ～ ㉓ 在揉和10分鐘後，麵糰已經不會再沾黏在工作檯上，揉和作業也變得較為容易。㉔ 切下部份的麵糰，確認麩質網狀結構。網狀結構如照片般的狀態時，即是完成作業。

㉕ ～ ㉖ 將麵糰壓平，放上起酥油。㉗ 以四邊的麵糰包覆起酥油。㉘ ～ ㉙ 用兩手抓住麵糰，以手的上下動作，彷彿撕扯般地搓揉麵糰。

㉚ ～ ㉛ 在工作檯上搓揉至起酥油溶入麵糰為止。㉜ ～ ㉞ 待麵糰的硬度均勻時，以刮板將麵糰聚攏整合為一。並乾淨地刮落沾黏在手上的麵糰。

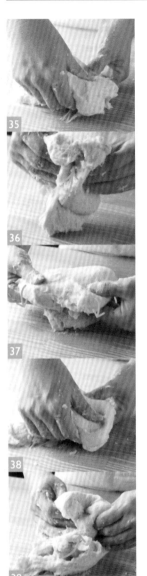

揉和 **10**分鐘後
的狀態

發酵後

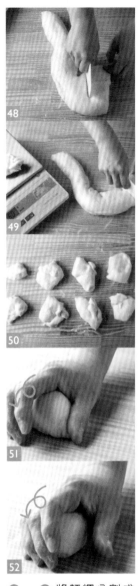

㉟ 將指尖插入麵糰底部。㊱ 將麵糰提舉起來，將麵糰下端摔打在工作檯上。㊲ 將手上的麵糰覆蓋在下端麵糰上。㊳ ～ ㊵ 轉動變換麵糰的方向，邊以㉟ ～ ㊲的要領揉和，重覆進行約10分鐘。

㊶ ～ ㊸ 持續揉和10分鐘左右，麵糰的表面開始變得平順光滑。

㊹ 切下部份的麵糰，確認麩質網狀結構。網狀結構如照片般的狀態時，即是完成這個作業了。㊺ 將麵糰放入塗抹了油脂類的攪拌盆中，避免乾燥地放在28～30℃的地方，進行發酵約60分鐘。㊻ ～ ㊼取出發酵後的麵糰放在撒有手粉的工作檯上。

㊽ ～ ㊾ 將麵糰分割成1個60g的大小。全部可切成7個。㊿ 若有剩餘麵糰時，等其等分後加入切好的麵糰中。若大於30g時，則整型成較小的形狀。51 ～ 55以逆時針方向轉動麵糰，在工作檯上以磨擦方式將麵糰滾圓。

滾圓	中間發酵 （約15分鐘）	整型	最後發酵 （在約35℃下約50分鐘）	排放配料	烤焙 （以約220℃ 烤約12分鐘）

53
54
55
56
57

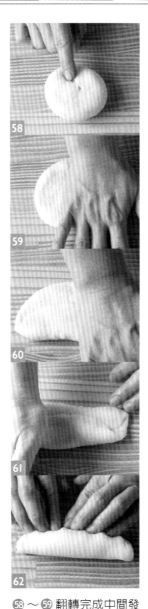

58
59
60
61
62

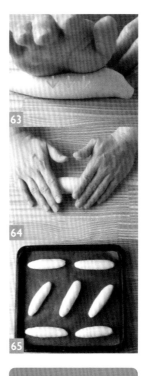

63
64
65

最後發酵後

66

67
68
69
70
71

56 覆蓋上塑膠袋，中間發酵約15分鐘。 57 完成中間發酵時，麵糰約膨脹成1.5倍。

58 ～ 59 翻轉完成中間發酵的麵糰，使收口處朝上，用手掌輕輕按壓。 60 ～ 61 將麵糰上端的1／3向下折疊，轉動麵糰方向，再次向下折疊1／3。折疊的接合處以手掌按壓。 62 再次將麵糰對折。

63 接合處以掌根壓平，確實使其捏緊貼合。 64 轉動麵糰的兩端，使其成為棒狀。 65 ～ 66 排放在舖有烤盤紙的烤盤上，放置在35℃的地方，約50分鐘進行最後發酵。

67 最後發酵的麵糰表面刷塗上蛋液。 68 剪刀以直立的方式，在麵糰中央剪出縱向切痕。 69 在切痕間放入玉米。 70 絞擠上美乃滋。 71 最後擺放上鮪魚，放入約220℃的烤箱烤焙約12分鐘。

Pizza bread

披薩麵包

材料 （約2片）

高筋麵粉(Camellia)
…250g

砂糖 …13g

鹽 …5g

脫脂奶粉 …5g

橄欖油 …20g

新鮮酵母 …8g
(使用速溶乾酵母時4g)

水 …150g

瑪格麗特的配料

蕃茄 …小的1個

羅勒葉 …8片

莫札瑞拉起司 …50g

蕃茄醬汁 …2大匙

3種起司的配料

戈爾根佐拉起司
(Gorgonzola)、莫札瑞拉
起司(Mozzarella)、帕米
吉安諾起司(Parmigiano)
…各20g

蕃茄醬汁 …2大匙

所需時間

2小時

難易度
★★★

| 混拌材料 | 在工作檯上搓揉 | 揉和（約15分鐘） |

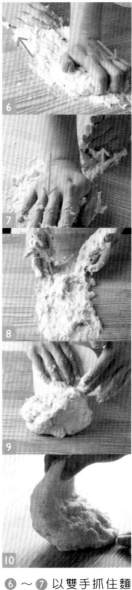

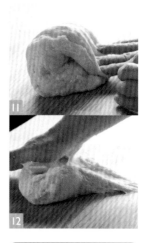

揉和 15分鐘後 的狀態

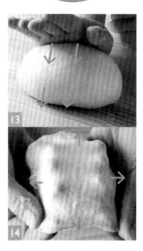

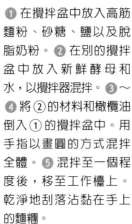

❶ 在攪拌盆中放入高筋麵粉、砂糖、鹽以及脫脂奶粉。❷ 在別的攪拌盆中放入新鮮酵母和水，以攪拌器混拌。❸〜❹ 將②的材料和橄欖油倒入①的攪拌盆中。用手指以畫圓的方式混拌全體。❺ 混拌至一個程度後，移至工作檯上。乾淨地刮落沾黏在手上的麵糰。

❻ 〜❼ 以雙手抓住麵糰，在工作檯上以手上下交替滑動地搓揉麵糰。❽ 〜❾ 麵糰的硬度均勻時，以刮板聚攏麵糰並刮落沾黏在手上的麵糰。❿ 〜⓫ 向著自己身體方向將麵糰對折。

⓬ 以手掌推壓麵糰般地進行揉和作業。彷彿要將接合處朝上地推壓。接著變換方向，同樣地揉和麵糰。⓭ 約重覆15分鐘。⓮ 切下部份的麵糰，確認麩質網狀結構。網狀結構如照片般的狀態時，即可。

分割	滾圓	發酵 （在常溫下 約40分鐘）	整型	最後發酵 （在約35℃下 約20～30分鐘）	排放配料	烤焙 （以約230℃烤 約15分鐘）

發酵後

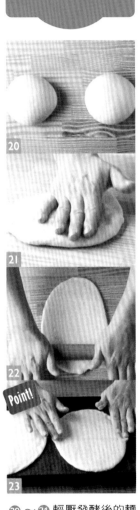

Point!

最後發酵後

⑮ 將麵糰整合為一。⑯ 以刮板將麵糰分成2等份。⑰～⑱ 將麵糰各別對折，彷彿從工作檯的遠處推拉至身前般滾圓。⑲ 持續地滾至如照片中的麵糰般表面飽滿平滑。覆蓋上塑膠袋進行40分鐘的發酵。

⑳～㉑ 輕壓發酵後的麵糰。㉒ 以擀麵棍將麵糰擀壓成長20cm寬15cm的橢圓形。㉓ 放置在鋪有烤盤紙的烤盤上。

Point! 為使邊緣不會緊縮地用手指按壓

為防止麵糰的邊緣過厚，而以手指按壓麵糰。

㉔ 放置在35℃的地方，進行20～30分鐘的最後發酵。㉕～㉖ 在進行發酵時，準備兩種披薩的配料。將較大的材料切成適當的大小。㉗ 最後發酵後的麵糰僅只稍稍膨脹的程度。

㉘ 在麵糰上以手指刺出孔洞(打洞)。㉙ 用蕃茄醬汁塗滿全體麵糰。㉚ 放上瑪格麗特披薩的材料。㉛ 在麵糰上區隔出位置地排放上三種起司。㉜ 放入約230℃的烤箱中烤焙約15分鐘。

製作人氣麵包

披薩麵包

麵包物語 + ①

簡單且美味！傳授麵包粉的製作方法

自製麵包粉只要10分鐘就可以簡單地完成

1 乾燥吃不完的麵包

將柔軟的麵包用手撕成小塊，放在方型淺盤中放置於常溫中2～3天，使其乾燥。但麵包重疊放置可能會造成發霉，因此要特別注意。

2 以果汁機攪打成細末

放入果汁機攪打成細末。一次大量放入時，果汁機會無法轉動，所以必須逐次少量地進行。也可以用多功能食物調整機。

沒有果汁機時也可以直接使用刨削器

用刨削器磨削成細末。當麵包磨小後，必須要小心手指不要被刨削器上的尖刃磨傷。

沒有時間時就用烘烤的方法

如果沒有時間等到乾燥時，可以將麵包切成小塊，再稍稍地以烤箱烘烤掉水份。

倒入套著塑膠袋的攪拌盆中。完成。保存時，可以放入密閉容器或密封袋中放入冷凍庫。

將剩餘的麵包做成麵包粉加以活用

麵包粉雖然便宜而且隨手可得，所以幾乎大家都會買市售產品。只是食用過市售的麵包粉與手製的麵包粉之後，就會發現手製麵包粉的美味絕對是無可匹敵的。製作咖哩麵包的麵包粉，若是以手製麵包粉更可以提引出美味。如果家裡正好有吃剩的麵包，也可以試著製成麵包粉。

製作手製麵包粉時，麵包的種類不可以是可頌麵包、甜味捲等油脂類及含大量砂糖的麵包，建議使用法國麵包或吐司等風味單純的會比較適合。

手製麵包粉，放入密閉的塑膠容器及密封袋中，可以保存於冷凍庫。約1個月，所以不只是咖哩麵包，也可以使用在可樂餅或炸豬排等料理上。

Walnut & Raisin roll

核桃葡萄乾麵包

使用發酵種製作烘烤完成的麵包

Point

確實地讓核桃及葡萄乾
揉進麵糰中

核桃切成粗粒使完成時
仍能保持良好的口感

核桃葡萄乾麵包

前日作業　　　　　　　　　※揉和完成的溫度為24～26℃

混拌發酵種材料	揉和（約2分鐘）	發酵（在28～30℃下1～3小時）	冷藏發酵（靜置於冰箱1晚）

材料　（約6個）

發酵種的材料
法國麵包專用粉(France)…100g
鹽 …2g
速溶乾酵母 …1g
水 …68g

麵糰的材料
法國麵包專用粉(France)…200g
黑麥粉 …50g
砂糖 …13g
鹽 …5g
奶油(室溫) …13g
發酵種 …上述中的50g
新鮮酵母 …8g
(使用速溶乾酵母時4g)
水 …157g
核桃、加州葡萄乾…各35g
手粉、油脂類(塗抹攪拌盆用) …各適量

所需時間
前一天
1小時
當天
3小時15分鐘

難易度
★★★

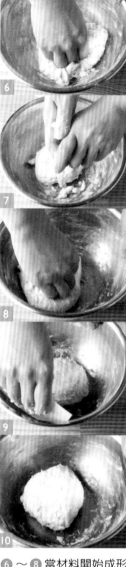

發酵種
發酵後

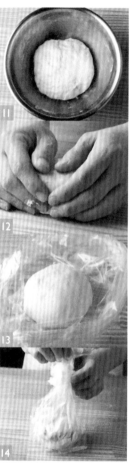

❶ 製作發酵種。在攪拌盆中放入法國麵包專用粉、鹽、速溶乾酵母、水。❷～❺ 用指尖在攪拌盆中以畫圓的方式混拌。

❻～❽ 當材料開始成形後，邊按壓般地在攪拌盆中揉和麵糰。不時地將沾黏在手上的材料刮入並揉和麵糰。❾～❿ 揉和成照片中的狀態時，以刮板刮落沾黏在攪拌盆中的麵糰。避免乾燥地放在28～30℃的地方，發酵1～3小時。

⓫～⓬ 將發酵後的麵糰放在工作檯上，由遠而近地將麵糰推滾成圓形。⓭～⓮ 裝進塑膠袋中，靜置在冰箱一晚使其發酵。

※ 剩餘的法國麵包麵糰利用法可參考P.203。

當天作業

混拌麵糰的材料 ▶ 在工作檯上搓揉 ▶ 揉和（約5分鐘） ▶ 搓搓包裹住奶油的麵糰 接下頁

揉和 **5** 分鐘後的狀態

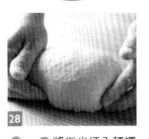

⓯將核桃切成粗粒。 ⓰揉和麵糰。在攪拌盆中放入法國麵包專用粉、黑麥粉、砂糖、鹽以及50g的發酵種。 ⓱在另外的攪拌盆中，以水溶化新鮮酵母，加入⓰的攪拌盆中。 ⓲～⓳依②～⑤的要領混拌，混拌至水份完全被吸收後，取出至工作檯上。同時刮落手指上的麵糰。

⓴～㉒抓住麵糰，在工作檯上，用手上下交替地滑動搓揉麵糰。 ㉓～㉔待全體混拌後，以刮板聚攏麵糰並乾淨地刮落沾黏在手上的麵糰。

㉕～㉗將指尖插入麵糰底部，邊翻轉麵糰邊將麵糰下端摔打在工作檯上，將手上的麵糰覆蓋在下端麵糰上。轉動變換麵糰的方向，邊以㉕～㉗的要領重覆揉和的動作約5分鐘。 ㉘約揉和5分鐘後，麵糰開始不會黏沾在工作檯了。

㉙切下部份的麵糰，確認麩質網狀結構。 ㉚網狀結構形成後，按壓麵糰並放上奶油，以四邊的麵糰包覆奶油。 ㉛～㉝手抓住麵糰，以手的上下動作，在工作檯上搓揉麵糰。

揉和 （約15分鐘、揉和完成時的溫度為26～28℃）	加入核桃及 葡萄乾混拌	發酵 （在28～30℃下約60分鐘）

揉和 **10**分鐘後
的狀態

推壓 **5**分鐘後
的狀態

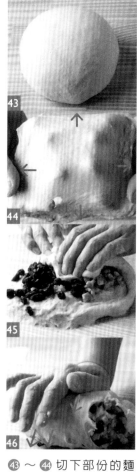

發酵後

㉞ 搓揉奶油與麵糰溶入至一個程度後，以刮板將麵糰麵聚攏整合為一。並乾淨地刮落沾黏在手上的麵糰。㉟～㊲以指尖插入麵糰底部，將麵糰提舉起來，將麵糰下端摔打在工作檯上，將手上的麵糰覆蓋在下端麵糰上。㊳重覆㉟～㊲的動作約10分鐘。

㊴～㊵摔打揉和10分鐘後，麵糰開始逐漸成形。㊶～㊷將麵糰從自己身前對折，並以手掌按壓般地揉和麵糰。揉和至麵糰接合處朝上時，將麵糰的方向轉動90度，同樣地對折並按壓般地揉和。持續這樣的動作約5分鐘。

㊸～㊹切下部份的麵糰，確認麩質網狀結構。㊺網狀結構形成後，將其揉和回原麵糰中，壓平。將核桃及加州葡萄乾放在麵糰上，捲起麵糰。㊻依㊶～㊷的要領推壓麵糰混拌核桃及葡萄乾。

㊼揉和混拌至照片中的狀態。㊽將麵糰放入塗抹了油脂類的攪拌盆中，避免乾燥地放在28～30℃的地方，發酵約60分鐘。㊾～㊿取出發酵後的麵糰放在撒有手粉的工作檯上。

分割&滾圓	中間發酵 （約15分鐘）	整型	最後發酵 （在約35℃下 約50分鐘）	烤焙 （以約220℃ 烤約15～18分鐘）

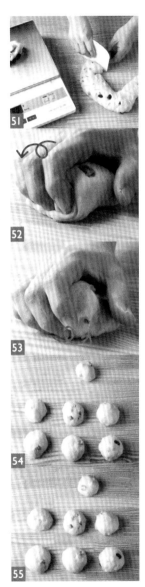

整型成圓形

整型成棒狀

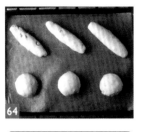

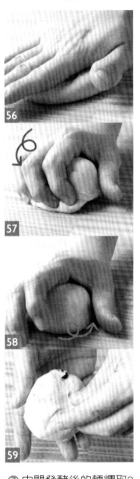

最後發酵後

51 將麵糰切成棒狀，分割成80g大小。全部可切分成6個。剩餘的麵糰在40g以上時，直接整型即可。52～53在工作檯上以逆時針方向轉動滾圓。54～55覆蓋上塑膠袋，進行約15分鐘的中間發酵。

56 中間發酵後的麵糰取3個，直接整型成圓形。首先以手掌壓平麵糰。57～58依52～53的要領再度將麵糰滾圓。59捏合底部收口處。

60 中間發酵後的另外3個麵糰，則整形成棒狀。先以手掌壓平麵糰。61麵糰由上下各折入1／3，接合處以手掌輕輕壓平。62再對折麵糰，接合處以掌根壓緊貼合。63轉動麵糰的兩端，使其成為棒狀。

64～65放在舖有烤盤紙的烤盤上，放在約35℃的地方，進行約50分鐘的最後發酵。66棒狀麵糰上以斜向劃出2道割紋，圓形麵糰則劃出1道割紋。67以噴霧器在麵糰上噴水，放入約220℃的烤箱中，烤焙15～18分鐘。

麵包物語 + ①

爲何麵包製作使用的是高筋麵粉呢?

使用高筋麵粉，有非常必須且重要的原因

粉類的各種特徵

麵粉種類	蛋白質(%)	蛋白質的主要成份	麩質含量	麩質強度	原料
高筋麵粉	11.5～13.0	麥穀蛋白(glutenin)及穀膠蛋白(gliadin)	非常多	非常強	硬質小麥
日本準強力粉	10.5～12.5	麥穀蛋白(glutenin)及穀膠蛋白(gliadin)	多	強	硬質小麥
中筋麵粉	7.5～10.5	麥穀蛋白(glutenin)及穀膠蛋白(gliadin)	中	中	半硬或軟質小麥
低筋麵粉	6.5～9.0	麥穀蛋白(glutenin)及穀膠蛋白(gliadin)	少	弱	軟質小麥

※本書使用的高筋麵粉蛋白質含量各不相同「Super King」...13.8%、「山茶花Camellia」...11.8%、「France」...11.9%、「LYS D'OR」...10.7%。如果找不到想要的高筋麵粉時，即可以此為參考。

麩質(Gluten)到底是什麼呢?

具有承接保留酵母吸收了麵糰中的糖分而產生的二氧化碳及香味成份的作用。想要做出膨鬆漂亮麵包時，必須充分揉和，使麵糰確實形成麩質網狀組織是非常重要的。

米的粉類無法做成麵包嗎?

麩質網狀組織僅存在於麵粉之中

麵粉和米的主要成份都是澱粉質，並且所含的其他營養成分也十分類似。但小麥中含有麥穀蛋白(glutenin)及穀膠蛋白(gliadin)。雖然米製粉類也可以製作麵包，但因其中不含麥穀蛋白(glutenin)及穀膠蛋白(gliadin)，所以相較於麵粉製做的麵包，米粉製成的麵包膨鬆的程度較小。

具有彈力之麩質網狀結構的
眞面目

麵粉依其蛋白質的含量，大約可分成4種。麵粉的蛋白質就是麥穀蛋白(glutenin)及穀膠蛋白(gliadin)，在穀物當中，只有在小麥才有的特別成份。與水一起揉和後，會形成可以保留住因發酵而產生的香味成份及二氧化碳。製作麵包時，就必須使用含有最多麥穀蛋白(glutenin)及穀膠蛋白(gliadin)的高筋麵粉。

即使同樣是高筋麵粉，也有各式各樣的商品。本書中雖然介紹了最適合各式麵包的商品，但並不是只有該種商品才適用，基本上只要是高筋麵粉就可以了。

如果沒有辦法買到標示的商品時，請以蛋白質含量相仿的高筋麵粉來代替。蛋白質含量都會記載在外包裝上的。

覆盆子麵包捲

Sweet Roll

3種甜味捲

只要更換水果或配料就可以自由地搭配出不同的口味！

堅果麵包捲

Point

焦糖香蕉的焦糖
注意不要燒得過焦

3種奶油都很柔軟，所以
在捲入時要非常慎重小心！

焦糖香蕉麵包捲

129

製作 基本麵包麵糰

混拌材料 ▶ 在工作檯上搓揉

因副材料的不同 而能做出各種變化

所謂的甜味捲,是在甜麵糰中包捲入水果或杏仁奶油餡等製成的甜麵包之總稱。只要能純熟地製作基本麵糰,接著再準備好自己喜歡的奶油餡,就可以輕易地享受不同的美味變化。首先,先從製作基本麵糰開始吧。

基本麵糰的材料 (8個)
高筋麵粉(Camellia)
…250g
砂糖 …50g
鹽 …3g
脫脂奶粉 …10g
奶油(室溫) …38g
起酥油 …25g
雞蛋 …75g
新鮮酵母 …10g
(使用速溶乾酵母時4g)
水 …70g
油脂類(塗抹攪拌盆用)
…適量

所需時間(至發酵為止)

2小時

難易度
★★★

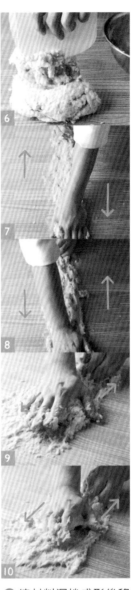

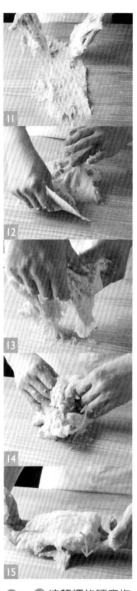

❶ 在攪拌盆中放入高筋麵粉、砂糖、鹽以及脫脂奶粉。❷ 在別的攪拌盆中放入新鮮酵母和水,以攪拌器混拌,再加入雞蛋並以攪拌器混拌。❸ 將②的材料倒入①的攪拌盆中。❹～❺ 用手指以畫圓的方式在攪拌盆中混拌。

❻ 待材料混拌成形後移至工作檯上。乾淨地刮落沾黏在手指及攪拌盆中的麵糰。❼～❿ 以雙手抓住麵糰,在工作檯上以手上下交替滑動地搓揉麵糰。

⓫～⓬ 待麵糰的硬度均勻時,以刮板聚攏麵糰並乾淨地刮落沾黏在手上的麵糰。⓭ 將指尖插入麵糰底部。⓮ 將麵糰提舉起來,把麵糰下端摔打在工作檯上。⓯ 將手上的麵糰覆蓋在下端麵糰上。

※揉和完成的溫度為26～28℃

揉和 （12～13分鐘）	搓揉包裹住奶油和 起酥油的麵糰	揉和 （約12分鐘）	發酵 （在28～30℃下約60分鐘）

接下頁

揉和12～13分鐘後的狀態

揉和12分鐘後的狀態

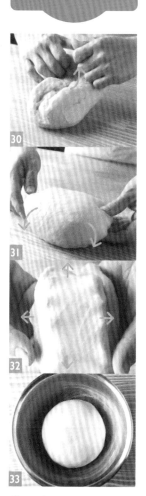

⑯～⑱不斷地變換麵糰的角度，邊以⑬～⑮的要領摔打揉和麵糰，重覆這些動作約12～13分鐘。⑲持續揉和12～13分鐘後，大致麵糰就可以整合成形了。

⑳切下部份的麵糰，確認麩質網狀結構。網狀結構如照片般，即是最佳狀態。㉑將麵糰壓平，放上奶油和起酥油。以四邊的麵糰包覆起來。㉒～㉔抓住麵糰，以手的上下動作，在工作檯上搓揉至麵糰整體的硬度均勻為止。

㉕待麵糰的硬度均勻時，以刮板聚攏麵糰並刮落沾黏在手上的麵糰。㉖～㉙依⑬～⑮的要領，重覆摔打揉和作業約12分鐘。雖然麵糰相當柔軟，剛開始時相當容易沾黏，但絕對不可以使用手粉，必須很有耐心地持續揉和作業。

㉚～㉛揉和12分鐘後，麵糰已經不會再沾黏在工作檯上了。㉜切下部份的麵糰，確認麩質網狀結構。㉝網狀結構已形成時，將麵糰放入塗抹了油脂類的攪拌盆中，避免乾燥地放在28～30℃的地方，發酵約60分鐘。

覆盆子麵包捲

材料 （底部直徑約8cm的
　　　紙杯8個）
基本麵糰(參考P.130～131)
手粉、蛋液 …各適量

覆盆子奶油的材料
奶油起司(室溫) …150g
砂糖 …50g
蛋液 …25g
卡士達粉 …10g
奶油(室溫) …50g
覆盆子果醬 …50g
冷凍覆盆子 …50g
冷凍覆盆子(最後裝飾用)
…8顆
手粉、蛋液(完成時用)、
糖粉 …各適量

所需時間
3小時30分鐘

難易度
★★★

製作P.130～131
的基本麵糰

製作覆盆子奶油

製作覆盆子奶油

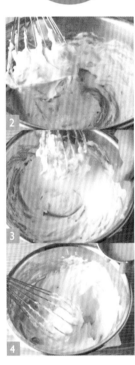

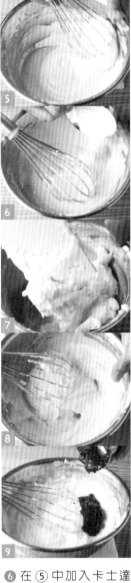

發酵後

❶ 製作P.130～131.的基本麵糰。利用發酵時間製作覆盆子奶油。❷ 在攪拌盆中放入奶油起司，用攪拌器攪拌至柔軟。❸ 在 ② 的攪拌盆中放入砂糖以攪拌器混拌。❹ ～ ❺ 將蛋液分3～4次加入 ③ 的攪拌盆中，混拌。

❻ 在 ⑤ 中加入卡士達粉，混拌均勻。❼ 在其他的攪拌盆中將奶油攪拌至柔軟後，取少量的 ⑥ 的奶油加入，使奶油均勻混入。❽ 將 ⑦ 的奶油移至 ⑥ 的攪拌盆中混拌。❾ 加入覆盆子果醬拌勻。

❿ ～ ⓫ 在 ⑨ 中加入冷凍覆盆子，以橡皮刮刀充份混拌。⓬ 待麵糰發酵後，取出放在撒有手粉的工作檯上。⓭ 壓平麵糰，使接合處可以在中間地輕輕捲起麵糰。

中間發酵 （約15分鐘）	整型	最後發酵 （在約35℃下約50分鐘）	烤焙 （以約210℃烤約12分鐘）

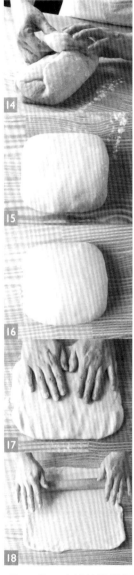

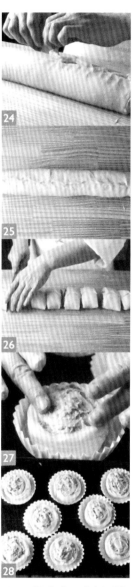

最後發酵後

⓮～⓯90度地轉動變換麵糰方向，再度捲起麵糰，使麵糰成為四角形。包上塑膠袋，進行約15分鐘的中間發酵。⓰中間發酵後的狀態。⓱將麵糰接合處朝上地放置在撒有手粉的工作檯上。⓲以擀麵棍將麵糰擀壓成30cm大的四方型。

⓳在自己身前的麵糰2cm處，因為是捲起的收口處，所以用擀麵棍壓得稍薄一些。⓴將覆盆子奶油放在麵糰的中央，再推抹向麵糰的四周。㉑收口處不要塗。㉒～㉓捲起一折做為軸心，慢慢地將麵糰捲至最後的收口處。

㉔～㉕後收口處以手指捏緊貼合。㉖以刀子將麵糰切成8等分。切分時必須一股作氣地按壓切割下去。㉗在烤盤上排放紙杯，放入麵糰。將麵糰推整成與紙杯的邊緣等高。㉘放置在約35℃的地方，最後發酵約50分鐘。

㉙～㉚在完成最後發酵的麵糰上塗刷蛋液。㉛將配料用的冷凍覆盆子壓入麵糰的中央。㉜在冷凍覆盆子上以茶濾網篩撒糖粉。放入約210℃的烤箱約烤焙12分鐘。

製作人氣麵包

覆盆子麵包捲

焦糖香蕉麵包捲

材料 （底部直徑約8cm的
紙杯8個）
基本麵糰(參考P.130～131)
手粉、蛋液 …各適量

杏仁奶油的材料
奶油(室溫) …25g
砂糖 …25g
蛋液 …25g
杏仁粉 …25g

焦糖香蕉的材料
香蕉 …2根
奶油(室溫) …50g
砂糖 …80g

所需時間
3小時30分鐘

難易度
★ ★ ★

製作P.130～131
的基本麵糰

基本麵糰發酵時
製作杏仁奶油

製作杏仁奶油

製作焦糖香蕉

① 製作P.130～131.的基本麵糰。利用發酵時間製作杏仁奶油。② 在攪拌盆中放入回復室溫的奶油，以攪拌器混拌。③ ～ ④ 在②的攪拌盆中加入砂糖混拌。

⑤ ～ ⑦ 將蛋液分3～4次逐次少量地加入 ④ 的攪拌盆中。如果全部一次加入會造成分離狀況。⑧ 加入杏仁粉混拌。⑨ 攪拌成照片中的硬度時即已完成。

⑩ 將香蕉切成1cm的寬度。⑪ ～ ⑫ 加熱平底鍋，分2～3次地加入砂糖。⑬ 當砂糖煮成焦色時，放入香蕉混拌。

Point! 砂糖不可以全部一起加入

一次全部加入時，需要的加熱時間較長，所以必須逐次少量地使其焦糖化。

製作焦糖香蕉	中間發酵 （約15分鐘）	整型	最後發酵 （在約35℃下約50分鐘）	烤焙 （以約210℃烤10～12分鐘）

最後發酵後

⑭ 在 ⑬ 的平底鍋中放入香蕉，並使香蕉與焦糖拌勻。⑮ 起鍋放在方型淺盤中放涼。⑯ 取出8塊裝飾用的香蕉。⑰ 發酵過的麵糰參考P.132的 ⑬ ～P.133的 ⑮，將麵糰折成四角形。用塑膠袋覆蓋，進行約15分鐘的中間發酵。⑱ 將麵糰移至撒有手粉的工作檯上。

⑲ 與P.133的 ⑰ ～ ⑲ 同樣地將麵糰擀壓成30cm大小的四方形。⑳ 除了收口處之外，都塗抹上杏仁奶油。㉑ ～ ㉒ 將 ⑮ 的香蕉及焦糖分列整齊地並排在麵糰上。㉓ 將上端的麵糰捲起一折做為軸心。

㉔ 慢慢地捲起麵糰。㉕ 將收口處麵糰以手指捏緊貼合。㉖ ～ ㉗ 以刀子將麵糰分切成8等分。㉘ 將紙杯排放在烤盤上，放入麵糰。將麵糰推整成與紙杯的邊緣等高。

㉙ 在約35℃的地方，進行約50分鐘的最後發酵。㉚ ～ ㉛ 在麵糰的表面塗抹上蛋液。㉜ 將裝飾用的焦糖香蕉壓入麵糰的中央。放入約210℃的烤箱烤焙10～12分鐘。

堅果麵包捲

材料（底部直徑約8cm的
紙杯8個）

基本麵糰(參考P.130～131)
核桃 …50g
手粉、蛋液(完成時用)、
榛果、杏仁粒、糖粒
…各適量

杏仁奶油的材料
奶油(室溫) …30g
花生奶油醬(塊狀) …25g
杏仁粉、砂糖、蛋液
…各30g

所需時間
3小時30分鐘

難易度
★★★

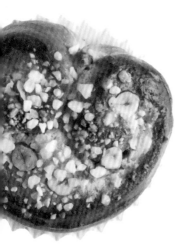

**製作P.130～131
的基本麵糰**　**基本麵糰發酵時
製作杏仁奶油**　**烘烤核桃**

製作杏仁奶油

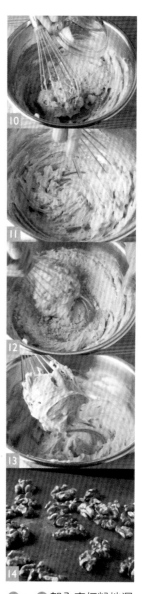

❶ 製作P.130～131.的基本麵糰。利用發酵時間製作杏仁奶油。❷～❸ 在攪拌盆中放入柔軟的奶油用攪拌器攪打。再加入花生奶油醬，繼續充分地攪拌。❹～❺ 在 ③ 的攪拌盆中加入砂糖，混拌均勻。

❻～❾逐次少量地將蛋液加入 ⑤ 的攪拌盆中。每次加入混拌均勻後，再接著倒入蛋液共分成3～4次加入，使其不會產生分離狀態地均勻混拌。

❿～⓬ 加入杏仁粉地混拌。⓭ 混拌至照片中的狀態時，即已完成。⓮將核桃放置在鋪有烤盤紙的烤盤上，以180℃的烤箱烘烤7分鐘。

中間發酵 （約15分鐘）	整型	最後發酵 （在約35℃下約50分鐘）	烤焙 （以約210℃ 烤10～12分鐘）

最後發酵後

⑮ 以手將核桃揉碎。⑯ 發酵後的麵糰參考P.132的 ⑬ ～P.133的 ⑮，將其折成四角形。進行約15分鐘的中間發酵。⑰ 將麵糰接口處朝上地放置在撒有手粉的工作檯上。⑱ 以擀麵棍將麵糰擀壓成30cm的四方形。⑲ 以刮板將杏仁奶油均勻塗抹在全體麵糰上。

⑳ 將⑮的核桃均勻地撒在全部的麵糰上。㉑ ～㉒ 將麵糰由外側及裡側的兩端各自捲起。㉓ ～㉔ 麵糰兩端各自捲至中央處。橫切面看起來就像是眼鏡的形狀。

㉕ 輕輕地翻轉麵糰。㉖ 以刀子將麵糰分切成8等分。㉗ 將紙杯排放在烤盤上，放入分切好的麵糰。㉘ 以手指將麵糰推整成與紙杯的邊緣等高。㉙ 放置在35℃的地方，進行約50分鐘的最後發酵。

㉚ ～㉛ 在完成最後發酵的麵糰上刷塗蛋液。㉜ 以刀子將榛果切成粗粒。㉝ 將榛果粒、杏仁粒及糖粒放在麵糰上，以約210℃的烤箱烤焙10～12分鐘。

麵包物語 + 1

繪本中出現的麵包

觀看、閱讀的美味，歡迎進入麵包的世界

俄羅斯 小丸子麵包

内容

是歐洲有名的民間故事。從麵包烤窯飛躍而出的小丸子麵包，邊唱著歌邊從想吃掉它的動物身旁逃離...。最後因被狐狸所騙，而被吃掉了。

是什麼樣的麵包呢

像個小圓球般，小且圓滾滾、口味單純的麵包

德國 踩踏麵包的女孩

内容

美麗又驕傲的少女，將拿著的麵包當成踏階地放進水漥中踩踏而過。在踩踏的瞬間，被吸入水漥底部的地獄裡。這個故事有著「不可暴殄天物」的告誡。

是什麼樣的麵包呢

考慮當時丹麥所能吃到的麵包，白麵包的可能性很高。

瑞典 少年名偵探卡萊

内容

少年卡萊和朋友們熱烈展開充滿著懷舊鄉愁的冒險故事。書中登場的麵包及料理別具魅力。這是一套相當多本的系列書。

是什麼樣的麵包呢

有丹麥麵包般的「甜麵包」及鹹味的「調味麵包」登場。

日本 烏鴉麵包師

内容

在森林裡有著一家烏鴉麵包店，某段時間內遭遇到多重的失敗，面臨倒店的危機。但以家裡4隻小烏鴉為靈感，製作出許多個性化的麵包因而吸引了許多顧客，重新繁榮了麵包店。

是什麼樣的麵包呢

不倒翁麵包、直升機麵包等大約出現了70種以上的麵包。

魅力麵包
讓人不由自主地想吃的

繪本及童話當中，常常有許多讓人忍不住想要嚐一口的麵包。像是「阿爾卑斯少女海蒂」中的白麵包。雖然只以麵粉、酵母、水等簡單的材料製成的，但被這種單純熱騰騰的白麵包吸引出食慾的人，應該不在少數吧。另外，還出現了擺上融化起司的黑麵包。這裡的黑麵包，應該可以想像和德國黑麵包相仿，黑麥比例較高的麵包。

除了在故事中出現麵包的繪本和童話之外，也有像「麵包超人」般麵包本身就是主角，歷經冒險助人的故事。

以繪本及童話為首，有這麼多麵包登場，正表示出大家對於麵包所共同擁有的「溫暖樸實」印象吧。

第4章

想要挑戰一次試作看看的麵包

因爲口味單純而更加困難的硬式麵包

不能因為材料少，就認定是簡單的麵包

正因爲材料的單純，所以風味就會因而改變 製作方法稍有不同，

幾乎僅用基本材料製作的硬式麵包，不倚賴副材料的風味，所以是揉和狀況、發酵程度、烤焙方式等，只要條件稍有不同，味道就會因而改變的纖細麵包。也因此在製作硬式麵包時，必須逐一地邊確認揉和狀況及發酵狀態邊進行，才是邁向成功的不二法門。

大多數的硬式麵包，外側是香噴酥脆，內側必須是不規則的氣泡所形成的潤澤口感。所以必須要不時地確認麩質網狀結構，不要過度揉和。在滾圓及整型等作業，必須很仔細地處理麵糰，儘可能地不擠壓出麵糰中的二氧化碳，是非常重要的事項。另外，因麵糰容易乾燥，所以在發酵、最後發酵以及整型時必須多加留心注意。烤焙前也不能忘記必須以噴霧器噴水。

軟質麵包

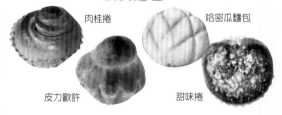

肉桂捲

哈密瓜麵包

皮力歐許

甜味捲

硬式麵包

法國鄉村麵包

巧巴達

布雷結

黑麥麵包

揉和方法和揉和時間

為能製作出膨脹鬆軟且潤澤的口感，必須揉和至麩質網狀結構呈現薄膜狀。確認麩質網狀結構時，幾乎可以透視對面的透明度且沒有孔洞是最佳狀態。

完成時的麩質網狀結構

發酵

為了製作出細緻綿密的口感，必須要確實地進行發酵。因發酵的速度較快，所以不可以擅自增加酵母的用量。

奶油香氣濃郁的軟質餐包。

烤焙方式

因為添加了副材料，所以麵包顏色變好，而不需要長時間的烘烤。外側的金黃成色恰到好處時，內側也會是柔潤美味。

內側彷彿是綿密細緻的肌膚般溫潤。

揉和方法和揉和時間

充分揉和後會使得質地更為細密，所以揉和時間不可過長。確認麩質網狀結構時，粗糙的薄膜是最佳狀態。即使有小小的孔洞也沒有關係。

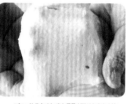

完成時的麩質網狀結構

發酵

因為麵糰內的糖分較少，酵母是以粉類中的澱粉質來發酵的。因此發酵較慢需要較長的時間。

不規則氣泡常見於硬式麵包。

烤焙方式

為使外側能有酥脆的口感，因此烤箱會設定成稍高的溫度。當表面的色澤完成時，即可降低溫度。

烤焙前先以噴霧器噴水。

Pain traditionnel

法國麵包

慢慢地發酵以活化粉類固有風味地製作而成

法國麵包

材料 (3條)

液種(Poolish)麵糰的材料
法國麵包專用粉
(LYS D'OR) …75g
鹽 …0.5g
速溶乾酵母 …0.3g
水 …75g

麵糰的材料
法國麵包專用粉
(LYS D'OR) …175g
鹽 …4.5g
速溶乾酵母 …1.5g
麥芽糖漿 …1g
水 …90g
維生素C溶液(1g的左旋
維他命C和100ml的水混
合之溶液) …1／10茶匙
液種(Poolish)麵糰
…上述全量
手粉、油脂類(塗抹塗盆
用) …各適量

所需時間

前一天
10分鐘

當天
3小時30分鐘

難易度
★ ★ ★

※液種(Poolish)麵糰的發
酵時間相異,在夏季當
日製作4小時～,冬季則
於前日製作～18小時。

混拌液種(Poolish) 麵糰的材料	發酵 (在冰箱放置4～18小時)	製作維生素C 溶液

液種(Poolish)麵糰
發酵後

❶～❺ 製作液種(Poolish)
麵糰。在攪拌盆中放入
液種(Poolish)麵糰的全部
材料,以木杓混拌。

Point! 速溶乾酵母的計量
方法

磅秤無法量測1g以下的
分量,所以可以量測1g
後均分成3等份。

❻～❼ 如照片般,會製
成較稀的麵糰。 ❽～❿
以刮板乾淨地刮落沾黏
在攪拌盆的麵糰,包妥
保鮮膜放入冰箱中發酵
4～18小時。

⓫ 發酵後的液種(Poolish)
麵糰會膨脹成2倍大。
⓬～⓭ 在攪拌盆中放入
麥芽糖漿和水,再加入
1／10茶匙的維生素C溶
液,以指尖混拌。 ⓮ 在
另外的攪拌盆中放入法
國麵包專用粉、速溶乾
酵母、鹽。

| 混拌麵糰的材料 | 在工作檯上搓揉 | 摔打揉和
（約2分鐘） | 接下頁 |

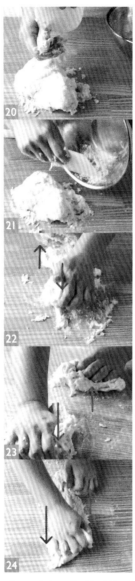

⑮ 將 ⑬ 加入 ⑭ 的攪拌盆中。⑯ 再加入全部的液種(Poolish)麵糰。⑰〜⑱ 以指尖劃圓的方式將攪拌盆中的材料充分地混拌。⑲ 混拌至大約成形後移至工作檯。

⑳〜㉑ 以刮板乾淨地刮落沾黏在手上及攪拌盆上的麵糰。㉒〜㉔ 抓住麵糰，在工作檯上，以手上下交替地滑動搓揉麵糰。剛開始時麵糰硬且容易分段，但漸漸地就可以揉和成形了。

㉕〜㉗ 搓揉1〜2分鐘後，以刮板聚攏麵糰並刮落沾黏在手上的麵糰。㉘ 將指尖插入麵糰底部提舉起麵糰，將麵糰下端摔打在工作檯上。㉙ 將手上的麵糰覆蓋在下端麵糰上。㉚〜㉜ 轉動變換麵糰的方向，邊以㉘〜㉙的動作重覆約2分鐘。

Point! 製作法國麵包時揉和是最重要的作業！

正因為是風味單純的配方才更顯得困難

法國麵包正因其單純的風味，所以揉和的時間及粉類就是決定美味與否的關鍵。重點是揉和麵糰時，同時必須很仔細地確認麵糰的狀況。

揉和尚未完成時的麩質網狀結構。

斑駁的部份很少，均勻的麩質網狀結構。

當天作業

推壓揉和
（約5分鐘，揉和完成的溫度為26～28℃）

發酵
（在28～30℃下約60分鐘）

分割

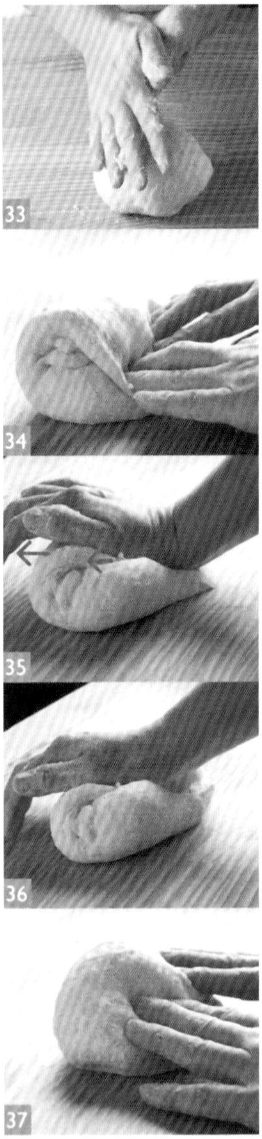

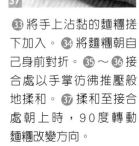

㉝將手上沾黏的麵糰搓下加入。㉞將麵糰朝自己身前對折。㉟～㊱接合處以手掌彷彿推壓般地揉和。㊲揉和至接合處朝上時，90度轉動麵糰改變方向。

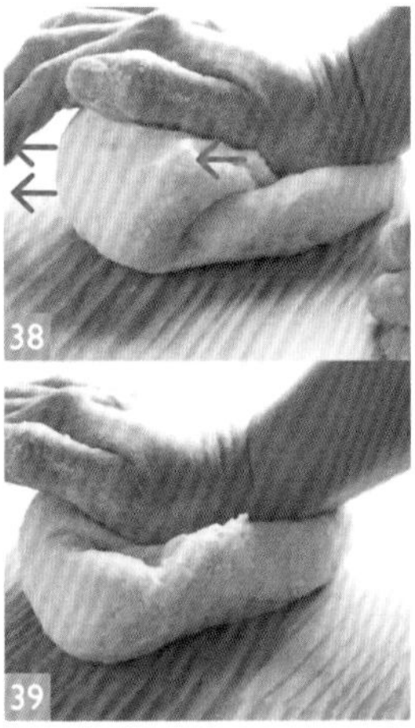

揉和5分鐘後的狀態

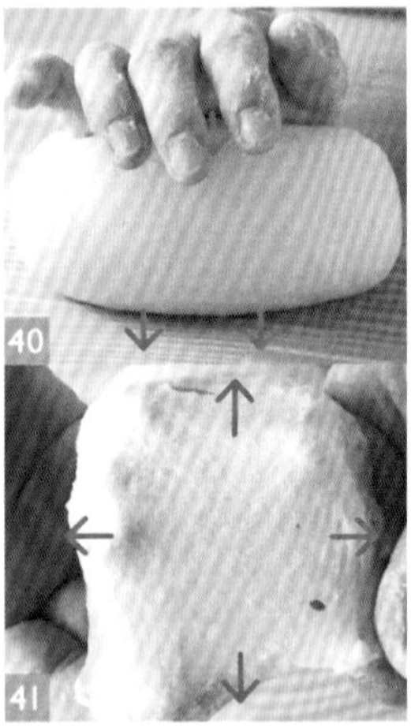

㊳～㊴依㉞～㊲的要領推壓揉和約3分鐘。㊵共揉和5分鐘後的麵糰表面，開始稍稍有平滑光澤出現。在此確認麩質網狀結構。㊶如照片般形成麩質網狀結構時，距揉和完成僅差2～3分鐘。繼續揉和2～3分鐘。

揉和7分鐘後的狀態

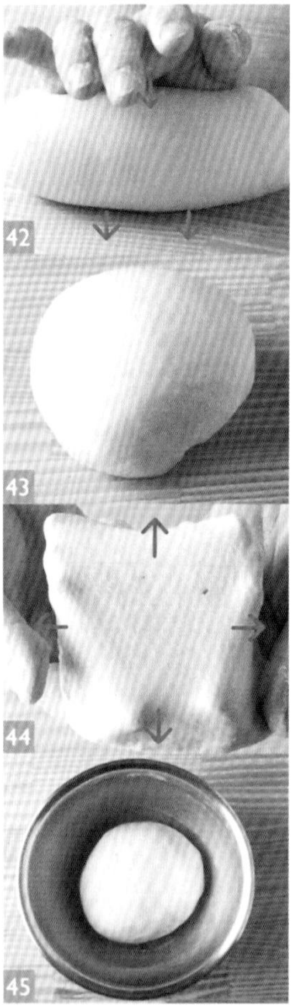

㊷～㊹開始揉和7分鐘後，確認麩質網狀結構。網狀結構如照片般的狀態時，將確認的麵糰放回並整合麵糰。㊺將麵糰放入塗抹了油脂類的攪拌盆中，避免乾燥地放在28～30℃的地方，發酵約60分鐘。

發酵後

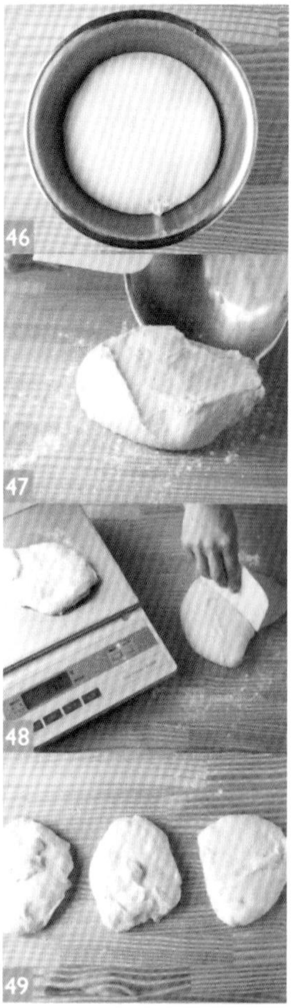

㊻～㊼取出發酵後的麵糰放在撒有手粉的工作檯上。㊽～㊾以刮板將麵糰分成3等份。每個約140g即可。

滾圓	中間發酵 （約20分鐘）	整型	最後發酵 （在約32℃下約60分鐘）	烤焙 （以約230℃ 烤20～25分鐘）

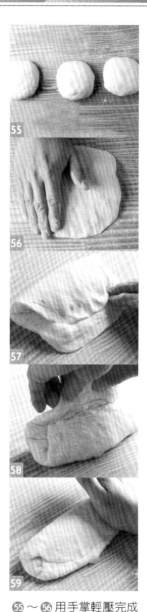

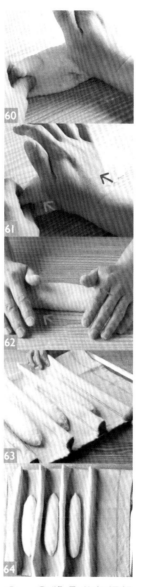

最後發酵後

50 ～ 53 將每個麵糰都輕輕地捲起。90度地改變方向捲成四角形。54 覆蓋上塑膠袋進行約20分鐘的中間發酵。

55 ～ 56 用手掌輕壓完成中間發酵的麵糰。57 ～ 58 將麵糰上端1／3的稍稍較深地向下折入，轉動變換方向再向下折入1／3。59 以手掌按壓麵糰的接合處。

60 ～ 61 將59的麵糰朝自己身前對折，並以手掌確實按壓貼緊接合處。62 轉動麵糰的兩端使其成為棒狀。63 將厚布巾舖放在烤盤上，折疊出山形，並將麵糰放置在凹槽中。64 放置在約35℃的地方，進行約60分鐘的最後發酵。

65 ～ 66 將烤盤放入烤箱中進行預熱。完成最後發酵的麵糰，因容易變形，所以用板子將其移至烤盤紙上。67 以割紋刀劃出兩條割紋。68 連同烤盤紙一同移至預熱的烤盤上。以噴霧器噴撒水，放入約230℃的烤箱中烤焙20～25分鐘。

培根麥穗麵包
法式起司麵包

可以享受到各種不同口感的樂趣

●前日　混拌液種(Poolish)麵糰的材料→發酵(在冰箱放置4～18小時)
●當日　製作維生素C溶液→混拌麵糰的材料→摔打揉和(約2分鐘)→推壓揉和(約5分鐘)→發酵(在28～30℃下約60分鐘)→分割→滾圓→中間發酵(約20分鐘)→整型→最後發酵(在約32℃下約60分鐘)→烤焙(以約230℃烤20～25分鐘)

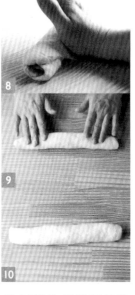

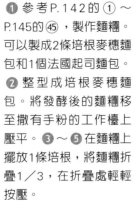

培根麥穗麵包

材料（2條）
P.142的材料
培根 …2片

※ P.142的材料可以製作2條培根麥穗麵包和1個法國起司麵包。

法式起司麵包

材料（1個）
P.142的材料
耐烤起司 …30g

所需時間
前一天
10分鐘
當天
3小時30分鐘

難易度
★★★

所需時間
前一天
10分鐘
當天
3小時30分鐘

難易度
★★★

❶ 參考P.142的①～P.145的㊺，製作麵糰。可以製成2條培根麥穗麵包和1個法國起司麵包。
❷ 整型成培根麥穗麵包。將發酵後的麵糰移至撒有手粉的工作檯上壓平。❸～❺ 在麵糰上擺放1條培根，將麵糰折疊1／3，在折疊處輕輕按壓。

❻ 同樣地折疊其餘的1／3，折疊處也同樣地以手按壓。❼～❽ 接著朝著自己身體方向對折，以手掌確實地按壓折疊的接合處。❾～❿ 在工作檯上轉動麵糰的兩端，整型成棒狀。

(法式起司麵包作業流程)

●前日　混拌液種(Poolish)麵糰的材料→發酵(在冰箱放置4～18小時)
●當日　製作維生素C溶液→混拌麵糰的材料→摔打揉和(約2分鐘)→推壓揉和(約5分鐘)→發酵(在28～30℃下約60分鐘)→分割→滾圓→中間發酵(約20分鐘)→整型→最後發酵(在約32℃下約60分鐘)→烤焙(以約230℃烤20～25分鐘)

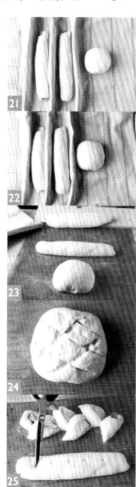

⓫ 用厚布巾做成山形凹槽，將麵糰放置在凹槽中。⓬ ～ ⓭ 整型法國起司麵糰。以手掌壓平中間發酵後的麵糰，上面擺放切成1cm塊狀的耐烤起司。⓮ ～ ⓯ 將距自己較遠處的麵糰捲向自己的方向。

⓰ ～ ⓲ 90度地轉動變換麵糰方向，再次捲向自己的方向。⓳ ～ ⓴ 翻轉麵糰，以手指捏緊貼合收口處。

㉑ 放置於⓫的布巾上，約32℃進行約60分鐘的最後發酵。㉒ ～ ㉓ 緩慢地將麵糰移往舖有烤盤紙的板子上。將烤盤放入烤箱中一起預熱。㉔ 法國起司麵包表面用割紋刀劃割出格紋。

㉕ 用剪刀等距地在培根麥穗麵包上做出5個記號。㉖ ～ ㉗ 記號成為三角形的頂點般地剪開麵糰，並將麵糰朝左右推開。㉘ ～ ㉙ 連同烤盤紙一起移至預熱好的烤盤上。㉚ 以噴霧器噴水，放入約230℃的烤箱中烤焙20～25分鐘。

麵包物語 + ❶

硬式麵包之眞髓！深入解析法國麵包

為什麼法國麵包被認為是「最最困難」的呢?

何謂美味的法國麵包

內側
含有不規則地粗氣泡，有著Q彈的口感。

香氣
散發著彷彿是焦糖般的香氣。

外側
咬食時會有卡滋的酥脆口感。

顏色及其他
有著金黃及淺褐色。輕敲時會有輕微的響聲等，還有許多特點。

確認自己完成的麵包成品
麵包中間的口感太細緻時，則是揉和過度的證明。烤色太淡或是中間半熟時，必須要試著確認預熱狀況，以及必須試著稍稍調高設定溫度。

法國麵包是什麼時候進入日本的呢?

由法國歸國後創設的麵包店開始

日本最初製作法國麵包的人，據說是在1924年(大正13年)的京都麵包店，進進堂創業者的續木齊先生。為了在法國研究麵包而踏上旅程的他，在當地被法國麵包的魅力所吸引，回國後從德國進口了烤箱，從美國購入了酵母而製作出了法國麵包。

法國麵包的種類

傳統麵包(Pain Traditionnel)

❶ 法國棍子麵包(Baguette)
指的是重量為350g、長68cm的棒狀麵包。

❷ 笛子麵包(Flûte)
重量約450g、長60cm。名稱為樂器的笛子之意。

❸ 巴塔(Bâtard)
重量為350g、長40cm。意為「中間的」。

花式麵包(Pain Fantaisie)

❶ 蘑菇麵包
蘑菇的型狀。各由下面100g，上面10g的麵糰所構成的。

❷ 塔巴提魯
原意為煙灰缸。麵糰用量為100g。

❸ 小紡錘麵包
中央有1道割紋的橄欖球形狀。麵糰用量為100g。

風味
麵粉的性質決定了法國麵包的

法國麵包是「歐風硬式麵包」的總稱，也是日本特有的用法。在法國，棒狀的麵包稱之為Pain Traditionnel，而此外的其他形狀都區分地稱之為Pain Fantaisie。

不管是Pain Traditionnel還是Pain Fantaisie，都幾乎只有基本材料，所以可以說是直接反映了麵粉本身的風味。也因此，店家為了製作Pain Traditionnel，都會嚴選麵粉、酵母及水等材料。

在家裡自行製作時，更是困難度最高的。在製作法國麵包時，至少必須要堅守3大重點，① 揉和時間不可過長，麩質網狀結構必須是粗糙的狀態、② 確實地堅守發酵時間、③ 噴水後以高溫烤焙，不要害怕失敗地試著製作看看吧。

Brioche

皮力歐許

使用了大量奶油和雞蛋的豐富口感

Brioche

皮力歐許

材料 (14個)

法國麵包專用粉(France)
…250g

砂糖 …30g

鹽 …5g

奶油(冰箱冷藏) …125g

雞蛋 …125g

新鮮酵母 …10g
(使用速溶乾酵母時5g)

牛奶(冰箱冷藏) …63g

蛋液(完成時用) …適量

手粉、油脂類(塗抹攪拌
盆用)、奶油(塗抹模型
用) …各適量

使用模型

皮力歐許模

所需時間

前一天	2小時
當天	2小時

難易度
★★★

前日作業

混拌材料 ▶ 在工作檯上搓揉

❶ 在攪拌盆中放入法國麵包專用粉、砂糖、鹽。❷～❸別的攪拌盆中放入冰牛奶和新鮮酵母,以攪拌器混拌,再加入雞蛋並以攪拌器混拌。❹ 將❸的材料倒入❶的攪拌盆中。❺ 用手指以畫圓的方式在攪拌盆中混拌。

❻ 待材料混拌成形後移至工作檯上。❼ 以刮板乾淨地刮落沾黏在手指及攪拌盆中的麵糰。❽～❾ 以雙手抓住麵糰,在工作檯上以手上下交替滑動地搓揉麵糰。❿～⓫ 待麵糰的硬度均勻時,以刮板聚攏麵糰。並刮落沾黏在手上及攪拌盆上的麵糰。

⓬ 將指尖插入麵糰底部,提舉起麵糰。⓭ 將麵糰下端摔打在工作檯上。⓮ 將手上的麵糰覆蓋在下端麵糰上。⓯ 轉動變換麵糰的方向依⓬～⓮的要領揉和麵糰。重覆這些動作25分鐘。雖然麵糰相當柔軟,但不可以使用手粉必須耐心地進行揉和作業。

揉和 （約25分鐘）	包覆奶油後搓揉	揉和 （約10分鐘、揉和完成時的溫度為23～25℃）	接下頁

揉和 25分鐘後的狀態

揉和 10分鐘後的狀態

NG! 必須注意揉和完成時的溫度！

揉和完成時的麵糰溫度不可以過高

如果麵糰和奶油的溫度過高時，麵糰很難順利黏合成形。在加入奶油前麵糰溫度應以21℃為標準。比23℃高時，必須放回冰箱中冷藏約15分鐘後再進行揉和作業。

如圖奶油已溶出

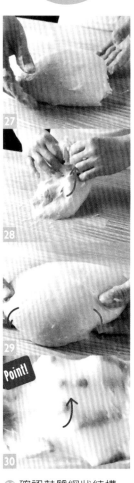

Point!

⑯ ～ ⑱ 揉和經過25分鐘後，麵糰已經不會再沾黏在工作檯上了。不時地要以刮板刮落沾黏在手上的材料並揉和在麵糰中。⑲ 切下部份的麵糰，確認麩質網狀結構。網狀結構如照片般的狀態時，即是麵糰成形了。

⑳ 將麵糰壓平，放上冰箱冷藏的奶油。以四邊的麵糰包覆奶油。㉑ 在工作檯上彷彿撕扯般地以上下動作搓揉麵糰。㉒ ～ ㉓ 搓揉至麵糰整體的硬度均勻，並成形為止。㉔ 將指尖插入麵糰底部，提舉起麵糰。

㉕ 將麵糰下端摔打在工作檯上。㉖ ～ ㉙ 將手上的麵糰覆蓋在下端麵糰上。不斷地以90度轉動變換麵糰的方向並提舉麵糰，以⑫ ～ ⑭ 的要領約揉和10分鐘。

㉚ 確認麩質網狀結構，若網狀結構已成薄膜時，表示麵糰已完成了。

Point! 確認網狀結構的薄膜

皮力歐許的麩質網狀結構，最佳狀況是薄且纖細的薄膜。如果薄膜破損或粗糙時必須再繼續進行揉和作業。

前日作業　　　　　　　　　　　　當日作業

發酵（在約28℃下約90分鐘）→ 壓平排氣 → 冷藏發酵（靜置冰箱中15～20個小時）→ 分割&滾圓 → 中間發酵（約20分鐘）

發酵後

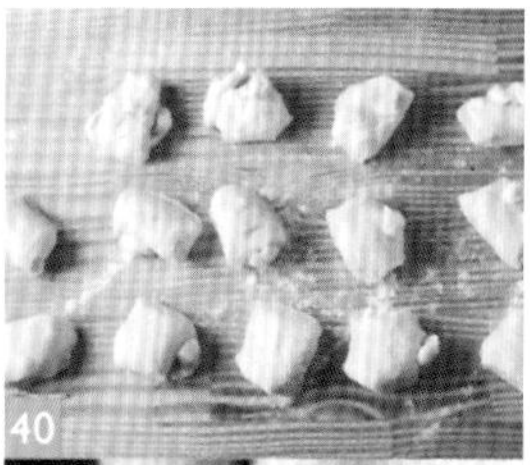

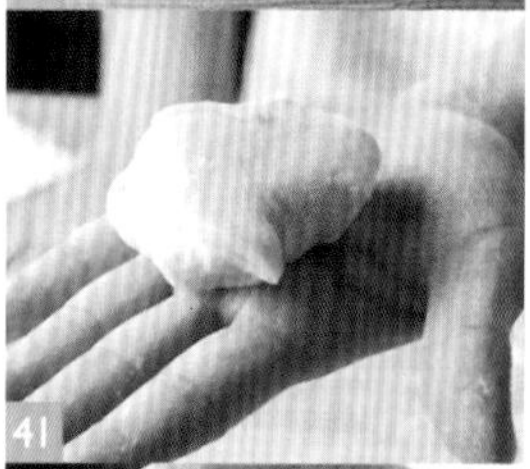

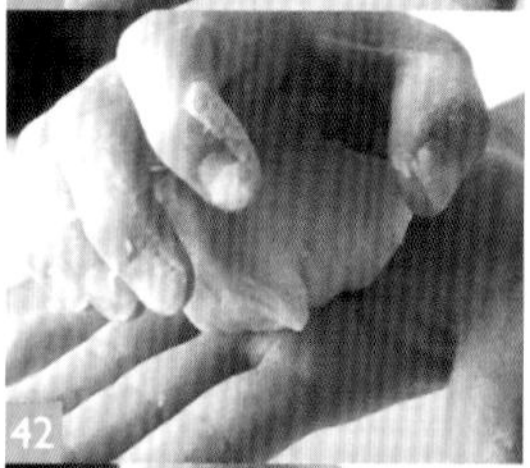

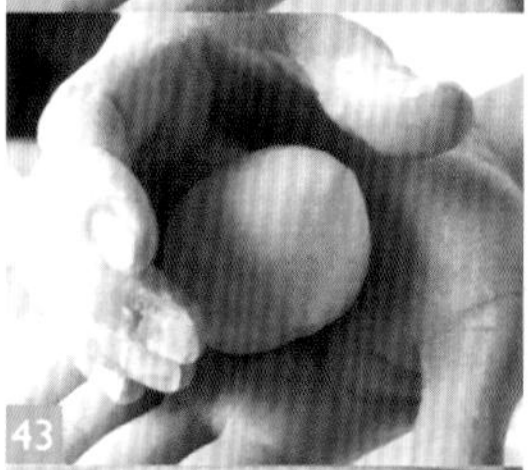

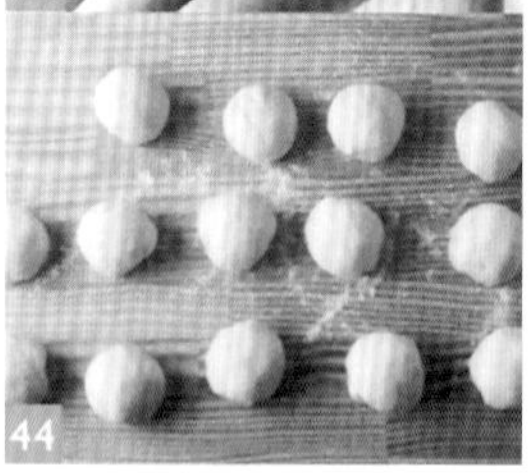

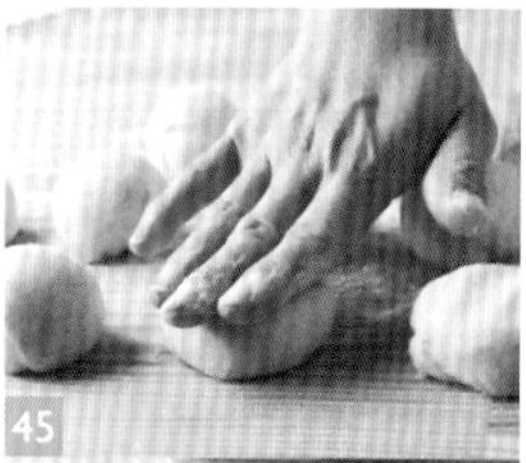

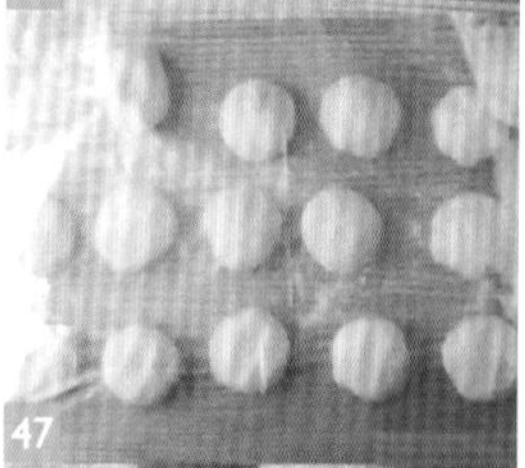

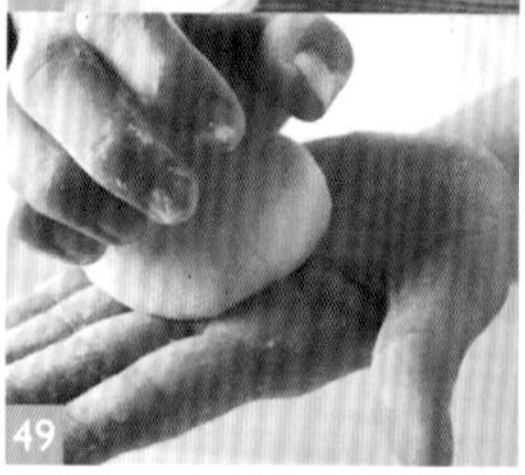

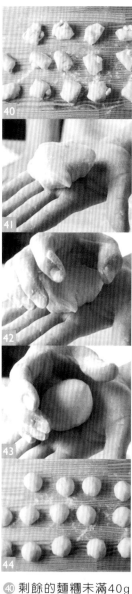

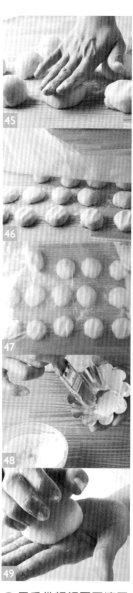

㉛ 將麵糰放入塗抹了油脂類的攪拌盆中，避免乾燥地放在約28℃的地方，發酵約90分鐘。㉜～㉝將發酵後的麵糰移至方型淺盆上，以手掌輕輕壓平。㉞連同方型淺盤一起放入塑膠袋中，放入冰箱靜置15～20小時。

㉟～㊱將靜置1個晚上的麵糰放在撒有手粉的工作檯上。㊲～㊳將麵糰橫向對折成長方形。㊴用刮板分切成兩股，並分割成每個40g的大小。全部共14個。

㊵剩餘的麵糰未滿40g時，將剩餘的麵糰均分成切好的麵糰數，揉入各麵糰中。㊶～㊸將麵糰放置在手掌心，另一手包覆住麵糰般地以逆時針方向轉動滾圓。因為奶油會融化，所以必須儘速地進行滾圓的動作。㊹依㊶～㊸的要領將所有的麵糰滾圓。

㊺用手掌輕輕壓平滾圓後放置在工作檯上的麵糰。㊻～㊼覆蓋上塑膠袋進行約20分鐘的中間發酵。㊽在皮力歐許模型中塗抹奶油。㊾～(51)完成中間發酵的麵糰，依㊶～㊸的要領再次滾圓。以手捏緊貼合底部的收口處。

整型	最後發酵 （在約32℃下 約60分鐘）	烤焙 （以約220℃ 烤約12分鐘）

Q 1

無法順利整型時？

A1 如果很難整型成葫蘆形狀，可以分割成大麵糰和小麵糰，一起放在模型中貼合的方法，會比較簡單。

最後發酵後

簡單的整型方法

1
轉動麵糰右邊1／4，將其分切下來。

2
將大的麵糰放入模型中，並在麵糰上做出一個凹槽。

52〜53 將滾圓的麵糰放置在撒有手粉的工作檯上，轉動麵糰以小指側面的手刀按壓麵糰右邊的1／4處。54 使其成為葫蘆狀。

55 如照片般地拿起的小圓球，將大的麵糰放入模型中。56 手持小圓球地壓入模型中的大麵糰中。57 稍稍拉扯小圓球並轉動模型，以變換手指按壓的部份。58〜59 將小圓球埋入大麵糰中間。

60 將模型並排在烤盤上，放置在約32℃的地方，進行約60分鐘的最後發酵。61〜62 手持模型將蛋液刷塗在麵糰的表面。63 以約220℃的烤箱烤焙約12分鐘。因1次只能烘烤1個烤盤，所以分兩次來烘烤。

3
把小麵糰壓入大麵糰上的凹槽。

4
大麵糰及小麵糰的接合處以手指按壓固定。

慕斯林皮力歐許 Brioche mousseline
保斯寶克 Bostock

可以切成圓形享用的皮力歐許

慕斯林皮力歐許

材料 （使用直徑10cm、高12cm的圓筒做為模型）
P.150的麵糰
手粉、油脂類(塗抹攪拌盆用)、奶油(塗抹模型用)
…各適量

保斯寶克

材料 （6片）
慕斯林皮力歐許
杏仁奶油(參考P.174)
杏仁片、糖粉、糖漿(水200g和砂糖100g混合煮沸)
…各適量

所需時間

前一天
2小時

當天
2小時

難易度
★★★

慕斯林皮力歐許的作業流程

●前日　混拌材料　→在工作檯上搓揉　→揉和(約25分鐘)　→包覆奶油　→揉和(約10分鐘)　→發酵(在約28℃下約90分鐘)　→壓平排氣　→冷藏發酵(靜置冰箱中15～20個小時)
●當日　分割　→滾圓　→中間發酵(約20分鐘)　→整型　→最後發酵(在約32℃下約90分鐘)　→烤焙(以約190℃烤約40分鐘)

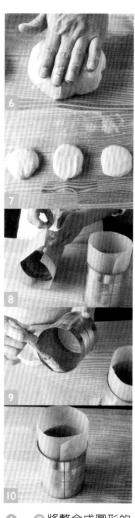

❶ 參考P.150的①～P.152的㊱製作麵糰。將麵糰橫向對折成長方形。❷分割成200g的大小。全部可分割成3個。❸將麵糰壓平，再由側面捲起麵糰。❹～❺轉動麵糰改變方向再次捲起麵糰，將麵糰整合成圓形。

❻～❼將整合成圓形的麵糰輕輕壓平，覆蓋上塑膠袋，進行中間發酵。❽切下較筒周長多5cm長度的烤盤紙。❾在圓筒內塗抹奶油。❿將烤盤紙捲在圓筒的內側。

將烤焙完成的慕斯林皮力歐許切片　浸泡在糖漿中　單面烤焙(以約220℃烤約5分鐘)　塗抹杏仁奶油　點綴上杏仁片　撒上糖粉　烤焙(以約220℃烤約7〜15分鐘)

最後發酵後

⓫ 將中間發酵後的麵糰移至撒著手粉的工作檯上。⓬〜⓭由遠而近地將麵糰將拉近身前般地滾圓。變換角度地再次以拉近麵糰的方式滾圓。如此地重覆2〜3次。⓮〜⓯以手輕壓平麵糰後放入模型中。

⓰ 將模型放置在烤盤上，放置在約32℃的地方，進行約90分鐘的最後發酵。⓱〜⓲垂直地握住剪刀，在完成最後發酵的麵糰表面剪出十字切口。⓳放入約190℃的烤箱中烤焙約40分鐘。

❶〜❷將慕斯林皮力歐許切成寬1.5cm的片狀。❸如果是剛烤好的話，則必須以烤箱烘烤使其乾燥後使用。❹製作糖漿，輕輕地浸泡切片的兩面。❺放在舖有烤盤紙的烤盤上，以220℃的烤箱烤焙約5分鐘，只烘烤單面。

❻〜❼參考P.174的①〜⑩製作杏仁奶油。塗抹在⑤當中未烘烤的面。❽擺放上裝飾的杏仁片。❾利用茶濾網篩撒上糖粉。❿以約220℃的烤箱烘烤約7〜15分鐘。

想要挑戰一次試作看看的麵包

慕斯林皮力歐許／保斯寶克

麵包物語＋❶

奢侈的麵包、全面解析皮力歐許！

更能快樂享用美味的皮力歐許大全

皮力歐許的變化

❶ 皮力歐許
(Brioche à tête)
可以品嚐到外側烤得金黃風味及模型內側柔潤口感的雙重享受。

❷ 杏仁皮力歐許
(Brioche au× almond)
在皮力歐許麵糰上塗抹杏仁圓餅(Macaron)麵糰烘烤而成的。如糕點般的濃郁香甜是其特徵。

❸ 法式奶油吐司
(Brioche Nanterre)
將圓形麵糰稍稍壓平併排在小模型中烘烤而成的。接合處以手剝開即可，能簡單地享用。

❹ 慕斯林皮力歐許
(Brioche mousseline)
放入圓筒狀模型中烘烤而成。慕斯林在法文中的意思是mousseline(百分百純羊毛織品。也被稱為merinos)。是由食用時的纖細口感而命名。

❺ 保斯寶克
(Bostock)
在法國麵包店中，將剩餘的皮力歐許加以變化後販售是因而開始。

> 也有使用皮力歐許製成的糕點！
>
> 薩瓦侖Savarin，利用皮力歐許的材料澆淋上櫻桃風味的利口酒，再以鮮奶油裝飾而成，是口味十分濃郁的糕點。

瑪麗安東尼(Marie-Antoinette)和皮力歐許

蛋糕指的就是皮力歐許

「沒有麵包，為何不吃蛋糕就好...」。瑪麗安東尼在法國革命之時，對貧苦人民說出的這段話成了名言。這裡所提到的蛋糕，您可知道其實指的就是皮力歐許嗎？皮力歐許在當時，與其說是麵包，不如說是更接近蛋糕，也是上流社會才能吃得到的食品。

原貌為何 法國傳統麵包皮力歐許的

即使概稱為皮力歐許，但其實也是有各式各樣的形狀。首先最具代表的，就是像不倒翁形狀的Brioche à tête。這個形狀也被形容是基督教的僧侶。其他還有以模型烤焙，或是塗上杏仁圓餅麵糰等各種樣式。

皮力歐許的歷史意外地相當古老，據說是從17世紀初開始於諾曼第地區，之後傳至各地，只要改變奶油和雞蛋的比例，就可以變化出特有的風味。

皮力歐許雖然添加了大量的奶油，但並不似甜麵包那麼甜，所以搭配上香腸及火腿等一起食用，就是營養滿點的早餐了。另外，也經常用在糕點的蛋塔等，是用途相當廣泛的麵包。

Pain de campagne

法國鄉村麵包

名稱意思就是田園風味，誕生於法國的大型麵包

Pain de campagne

法國鄉村麵包

材料（棒形1條、圓形1個）
法國麵包麵糰的材料
法國麵包專用粉(France)
…100g
鹽 …2g
速溶乾酵母 …1g
水 …65g
發酵種的材料
法國麵包專用粉(France)
…250g
鹽 …5g
法國麵包麵糰
…上述中的15g
水 …165g
麵糰的材料
法國麵包專用粉(France)
…213g
黑麥粉 …37g
鹽 …5g
速溶乾酵母 …1.5g
麥芽糖漿 …1g
水 …170g
維生素C溶液(1g的左旋
維他命C和100ml的水混
合之溶液) …1／5茶匙
發酵種 …上述全量
手粉、油脂類(塗抹鋼盆
用)、法國麵包專用粉(篩
撒在發酵藤模用)…各適量
使用模型

發酵藤模

所需時間
前一天
1小時30分鐘
當天
5小時30分鐘

難易度
★★★

前日作業　　※揉和完成的溫度為23～25℃

混拌法國麵包麵糰的材料	揉和（約2～3分鐘）	發酵（在28～30℃下約1～3小時）	混拌發酵種的材料

法國麵包麵糰發酵後

❶製作法國麵包麵糰。在攪拌盆中放入法國麵包專用粉、鹽、速溶乾酵母。
❷～❺在①的攪拌盆中加水，用手指在攪拌盆中以畫圓的方式混拌。

❻待材料混拌成形後，以刮板乾淨地刮落沾黏在手指的麵糰。❼～❽避免乾燥地放在28～30℃的地方，發酵約1～3小時。
❾製作發酵種。取出15g發酵後的法國麵包麵糰。

❿將15g法國麵包麵糰、法國麵包專用粉、鹽一起放入攪拌盆中。⓫～⓮在⓾的攪拌盆中加水，用手指在攪拌盆中以畫圓的方式混拌。

※剩餘的法國麵包麵糰利用法可參考P.203。

※ 揉和完成時的溫度為24～26℃　當日作業

| 揉和
(2～3分鐘) | 發酵
(在22～25℃下、
15～20小時) | 揉和麵糰的材料 | 在工作檯上搓揉　接下頁 |

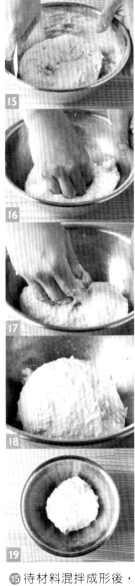

發酵種發酵後

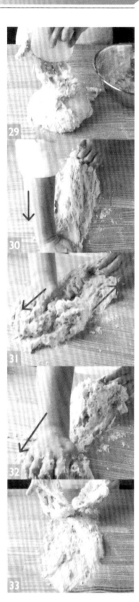

⑮ 待材料混拌成形後，以刮板乾淨地刮落沾黏在攪拌盆上的麵糰。⑯～⑰ 在攪拌盆中輕輕按壓般地揉和麵糰。⑱～⑲ 揉和至成照片中的狀態時，避免乾燥地放在22～25℃的地方，發酵15～20小時。

⑳ 製作麵糰。取出前日製作的發酵種。㉑～㉒ 在攪拌盆中放入水、麥芽糖漿，使其溶化。再加入1／5茶匙的維生素C溶液，混拌。㉓ 在較大的攪拌盆中放入法國麵包專用粉、黑麥粉、鹽以及速溶乾酵母。

㉔ 在 ㉓ 的缽盆中，邊以刮板切開發酵種邊將其加入攪拌盆中。㉕ 加入 ㉒ 的材料。㉖～㉘ 手以揉捏的方式混拌攪拌盆中所有的材料。

㉙ 待材料混拌成形後移至工作檯上，乾淨地刮落沾黏在手指及攪拌盆中的麵糰。㉚～㉝ 以手抓住麵糰，在工作檯上以手上下交替滑動地搓揉麵糰。

想要挑戰一次試作看看的麵包　法國鄉村麵包

159

當日作業

揉和
（約8分鐘、揉和完成的溫度為25～27℃）

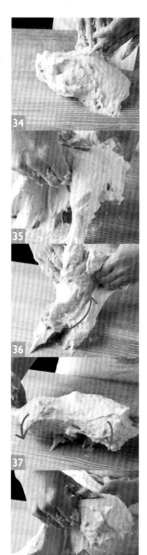

摔打揉和 **3**分鐘後
的狀態

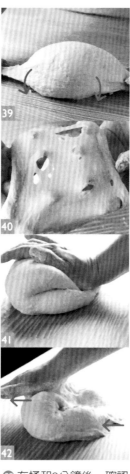

推壓揉和 **5**分鐘後
的狀態

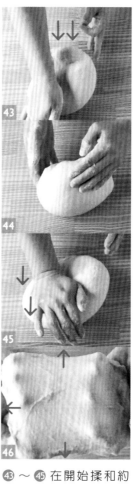

Point! 鄉村麵包不可以
過度揉和

**揉和時間不可過長是
鄉村麵包的特徵**

Pain de campagne(法國
鄉村麵包)外側酥脆、內
部質地粗而柔潤才是最
美味。因此不過度揉
和，邊仔細地確認麩質
網狀結構邊進行作業。

**如果看看橫切面就可以
一目瞭然**

正常
內側有著不規則的氣泡
是最佳狀態。

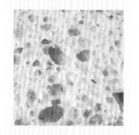

過度揉和
麵糰組織飽滿，就有可
能是過度揉和所產生的。

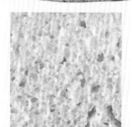

㉞ 待麵糰的硬度均勻時，以刮板聚攏麵糰並刮落沾黏在手上的麵糰。㉟ 將指尖插入麵糰底部，將麵糰提舉起來。㊱ 將麵糰下端摔打在工作檯上。㊲ 將手上的麵糰覆蓋在下端麵糰上。㊳ 以 ㉟ ～ ㊲ 的要領揉和約3分鐘。

㊳ 在揉和3分鐘後，確認麩質網狀結構。㊵ 網狀結構只會成為照片般有孔洞的狀態。㊶ 將麵糰朝自己身前對折，以推壓接合處般地進行揉和。㊷ 揉和至接合處朝上時，轉動變換麵糰方向，以 ㊶ 的要領揉和約5分鐘。

㊸ ～ ㊺ 在開始揉和約8分鐘後(推壓揉和5分鐘)，麵糰已經開始產生相當的彈性了。㊻ 切下部份的麵糰，確認麩質網狀結構。網狀結構形成如照片般的狀態時，即可進行下個作業。

| 發酵
（在28～30℃下、約90分鐘） | 壓平排氣 | 發酵
（在28～30℃下、
約45分鐘） | 分割 | 滾圓 | 接下頁 |

47

發酵後

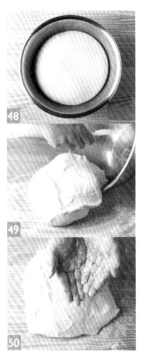

48

49

50

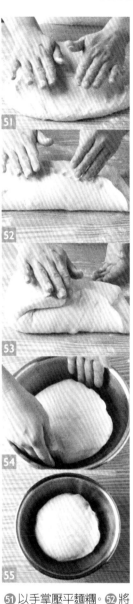

51

52

53

54

55

壓平排氣再發酵
45分鐘後

56

57

58

59

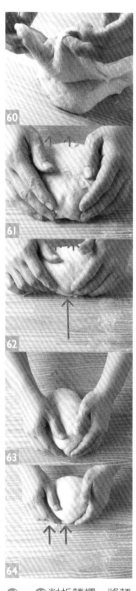

60

61

62

63

64

❹麵糰放入塗抹了油脂類的攪拌盆中，避免乾燥地放在28～30℃的地方，發酵約90分鐘。❹～❹取出發酵後的麵糰放在撒有手粉的工作檯上。❺手掌也拍打上少許的手粉。

❺以手掌壓平麵糰。❺將麵糰的上下各折入1／3。❺左右也各折入1／3後，翻面。❺～❺再放回❹的攪拌盆中，避免乾燥地放在28～30℃的地方，再度發酵約45分鐘。

❺～❺取出發酵後的麵糰放在撒有手粉的工作檯上。❺～❺以刮板將麵糰分切成兩半。1個大約是420g即是最佳狀況。

❻～❻對折麵糰，將麵糰由遠而近地推滾至自己身前。❻～❻變換麵糰的方向，朝自己推近滾圓。這個動作重覆2～3次。

整型成圓形

整型成棒狀

65 ～ 66 覆蓋上塑膠袋，進行約20分鐘的中間發酵。67 ～ 69 將法國麵包專用粉以茶濾網篩撒在圓形及棒狀的發酵藤模中。

Point! 沒有專用發酵藤模時

隨手可得的箱子，舖上厚布巾再撒上手粉就可以替代發酵藤模了。

70 將手粉撒在工作檯上。完成中間發酵的麵糰接合處朝下地放置，以手掌將其壓平。71 依P.161的 63 ～ 64 的要領，將麵糰滾圓。72 翻面將接合處捏緊貼合。73 將麵糰的接合處朝上地放入發酵藤模中，稍稍按壓。

74 ～ 75 將手粉撒在工作檯上。完成中間發酵的麵糰接合處朝下地放置，以手掌將其推整成橢圓形。76 ～ 77 將麵糰縱向放置，往上折疊1／3，180度轉動麵糰，再向上折疊1／3。輕輕按壓接合處。

78 對折麵糰，接合處以手掌根部按壓。79 接合處再以手指捏緊貼合。80 ～ 82 將麵糰的接合處朝上地放入長型發酵藤模中，稍稍按壓。

162

Q & A

Q 1
沒有發酵藤模，也沒有適用的箱籠時？

A1 法國鄉村麵包，是以放入藤製發酵模(banneton)製作為其特徵的法國農村麵包。為了要做出更接近原有的狀態，儘量希望能準備藤製發酵模，但真的買不到時，也可以用手來整型成棒狀。整型的方法如下，請參考。

簡單的整型方法

在板子上舖放厚布巾，以茶濾網篩在全體布面撒上法國麵包專用粉。

將完成中間發酵的麵糰放在撒有手粉的工作檯上，以手掌壓平。

將麵糰上下各向中央折入1／3，接合處以手按壓。

對折③的麵糰，接合處以手掌根部壓緊貼合。

將①的布巾折成山形，將麵糰放置在山形凹槽中。如此放置在約32℃的地方，進行70～90分鐘的最後發酵。

將麵包放置在舖有烤盤紙的烤盤上，以割紋刀割劃出3條割紋。噴水，與⑨同樣地烤焙。

烤焙完成

與法國麵包同樣地有大大的割紋是其特徵

最後發酵（在約32℃下、70～90分鐘）	烤焙（以約240℃烤約15分鐘後、以約220℃烤約25分鐘）

最後發酵後

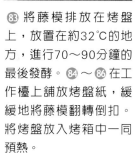

㉜ 將藤模排放在烤盤上，放置在約32℃的地方，進行70～90分鐘的最後發酵。㉝ ～ ㉟ 在工作檯上舖放烤盤紙，緩緩地將藤模翻轉倒扣。將烤盤放入烤箱中一同預熱。

㊱ ～ ㊳ 棒狀麵糰上以割紋刀割劃出兩道割紋。圓形麵糰上則以筷子或棒子戳刺出孔洞。㊴ 連同烤盤紙一起移至烤盤上，以噴霧器充分地噴撒水氣。㊶ 以約240℃烤焙約15分鐘後，再以約220℃烤約25分鐘。

麵包物語 + ❶

發酵時間及發酵種的必要性

發酵種法為什麼這麼費時耗力呢？

什麼是水合作用？

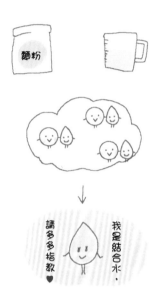

Q 前一天無論如何都無法製作發酵種！法國麵包可以用直接法來製作嗎？

A 基本上，所有的麵包都可以用任何方法來製作。只是以直接法來製作時，揉和、整型及最後發酵等，有些小小的微妙閃失，都會對成品有巨大的影響，反而會比以發酵種法來製作更為困難。此外，因發酵時間比發酵種法的時間短，麵糰內的水份含量少，即使烤焙出來，會有立刻變硬的情況發生。

Q 為什麼需要這麼長時間呢?如果增加酵母的用量可以縮短發酵時間嗎？

A 幾乎採用發酵種法的麵包都是麵糰種類單純的麵包。因為麵糰單純而沒有可以促進發酵的砂糖等副材料，所以酵母的發酵會比平時更為緩慢。水合作用的促進最需要的也是時間吧。

粉類和水混合揉和的麵糰中，粉類分子和水分子結合後，產生的就是結合水。這種現象就稱之為水合作用。反之，僅有水份子存在時，會稱之為自由水或游離水，這樣狀態的水份子在烤焙時就會隨之蒸發消失。結合水含量較高者，烤焙出的口感較為柔潤。

花時間製作是有其重要意義的

發酵種法因為費時耗力，可能會覺得有點麻煩也說不定。但使用發酵種法，是有其重要理由的。

首先，事前製作好發酵種，可以使粉類及水分子緊密結合，進而烤焙出柔潤口感。其次是發酵種的製作，麩質網狀結構已經形成至一個程度了，所以麵糰的彈性較佳，有助於最後發酵的順利進行。可以邊視其狀況邊進行至麵糰的揉和作業，所以較少有失敗的發生，也是發酵種法的優點。

硬式麵包因為幾乎不含其他的副材料，所以必須藉由發酵而使麵糰緊密結合，進而提引出小麥的風味。因此，發酵種法應該可以說是最適合的製作方法吧。

柳橙丹麥

Danish Pastry

4種丹麥麵包
使用了大量奶油的麵糰搭配上豐富的水果及奶油餡料!!

杏仁奶油丹麥

Point
麵糰充分冷卻後
再進行折疊作業

必須確實執行
最後發酵的溫度管理

黑櫻桃丹麥

洋梨丹麥

165

製作基本麵包麵糰

混拌材料 ▷ 在工作檯上搓揉

口感香甜豐富的
折疊派皮麵糰

丹麥麵包是以折疊奶油和麵糰製作出口感豐富的麵包。丹麥麵包沒有固定的形狀,排放的配料及裝飾不同,感覺不同,也因而可以創造出各式各樣的變化組合。首先,由基本麵糰開始做起吧。

基本麵糰的材料 (12個)
法國麵包專用粉(France)
…250g
砂糖 …25g
鹽 …5g
脫脂奶粉 …10g
麥芽糖漿 …1g
奶油(室溫) …20g
雞蛋 …63g
新鮮酵母(使用速溶乾酵母時6g) …13g
水 …83g
折疊時使用的奶油(冰箱冷藏) …250g
手粉、油脂類(塗抹缽盆用) …各適量

所需時間(僅只麵糰)

前一天
1小時

當天
3小時

難易度
★★★

❶ 在攪拌盆中放入法國麵包專用粉、砂糖、鹽、脫脂奶粉、麥芽糖漿以及奶油。❷ 在別的攪拌盆中放入新鮮酵母、水和雞蛋混拌。❸~❹將②的材料倒入①的攪拌盆中,以指尖在攪拌盆中以畫圓的方式混拌。❺ 待材料混拌成形後移至工作檯上。

❻ 以刮板乾淨地刮落沾黏在手指及攪拌盆中的麵糰。❼~❽以手抓住麵糰,在工作檯上以手上下交替滑動地搓揉麵糰。❾~❿待麵糰全體的硬度均勻時,以刮板聚攏麵糰。

⓫ 以刮板刮落沾黏在手上的麵糰。⓬ 將指尖插入麵糰底部,將麵糰提舉起來。⓭ 邊翻轉麵糰邊將麵糰下端摔打在工作檯上。⓮ 將手上的麵糰覆蓋在下端麵糰上。⓯ 轉動90度變化麵糰方向並提舉麵糰。

揉和 （約5分鐘、揉和完成時的溫度為25～27℃）	發酵 （以28～30℃下 約40～60分鐘）	壓平排氣	冷藏發酵 （靜置於冰箱15～ 20分鐘）接下頁

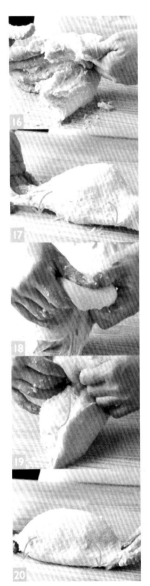

揉和 **5**分鐘後
的狀態

發酵後

⑯～⑰依⑬～⑭的要領摔打揉和。⑱～⑳不斷地變化麵糰的方向，並重覆⑫～⑭的動作，約揉和5分鐘。

㉑～㉓丹麥麵包的麵糰，因後面有折疊作業，所以不需過於揉和。㉔確認麩質網狀結構。網狀結構如照片般的狀態時，即是麵糰已經成形了。

㉕將麵糰放入塗抹了油脂類的攪拌盆中，避免乾燥地放在28～30℃的地方，發酵約40～60分鐘。㉖～㉗取出發酵後的麵糰放在工作檯上。㉘直接將麵糰包捲起來。

㉙轉動90度變換麵糰方向，再捲起麵糰。㉚～㉛將麵糰由遠而近地推滾過來般地滾圓。㉜～㉝將滾圓的麵糰放入稍有空間餘裕的塑膠袋中，靜置在冰箱內15～20小時。

輕敲奶油	擀壓麵糰	搓揉包裹住奶油的麵糰

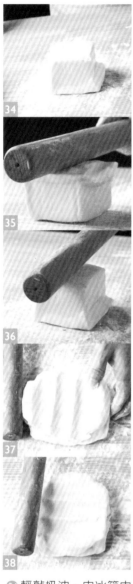

 Point! 使用切下的
奶油邊時

如果有大塊奶油及小塊
奶油時,以擀麵棍各別
輕敲擀壓,之後再將其
整合為一。

輕敲至一個程度時即可。

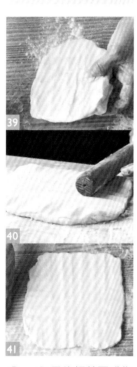

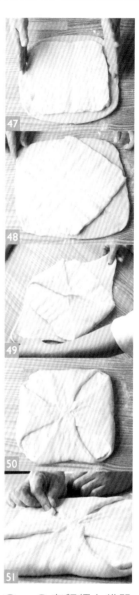

③④ 輕敲奶油。由冰箱中
取出冰涼的奶油放在撒
有手粉的工作檯上。③⑤～
③⑥ 利用擀麵棍的中央位
置輕敲奶油使其成扁平
狀。③⑦～③⑧ 奶油的兩面
都敲過後,轉動90度變
換奶油的方向,並輕敲
奶油的兩面。

③⑨～④① 最後輕敲至成為
20cm的四方型。如果奶
油融化或是沾黏在擀麵
棍上時,必須將奶油再
放回冰箱中冰涼後,再
進行作業。

④②～④③ 將靜置在冰箱中
一夜的麵糰取出,放在撒
有手粉的工作檯上。④④以
手掌輕壓麵糰。④⑤～④⑥
用擀麵棍依序地由麵糰
的中央處朝上,或由中
央朝下地擀壓成25cm的
四方形。

④⑦～④⑧ 在麵糰上錯開
45度地放置上奶油。④⑨～
⑤⓪ 拉開對角線上麵糰的
四個角並使其接合。接
合處以手指捏緊貼
合。⑤① 用手指捏合麵糰
使奶油完全包覆在麵糰
當中。

NG!　麵糰無法順利擀壓

面對著麵糰時持拿著的擀麵棍是否左右對稱呢?此外,麵糰的中央是否對齊身體的中央呢?只要有一個是沒有對齊時,擀麵棍都無法均勻施力,麵糰的擀壓也無法順利地進行。在開始擀壓前必須再次確認。

擀麵棍沒有對齊麵糰的中央

麵糰中央與身體的重心不一致

52 進行第1次的折疊作業。將麵糰放置在撒有手粉的工作檯上。53～54 以擀麵棍按壓。稍加按壓後,反面也同樣地按壓。55～56 從麵糰的中央朝上,中央朝下地依序擀壓,使麵糰成為長60cm×寬20cm的大小。

57 擀壓至麵糰邊緣的2cm處時,用擀麵棍由外側向內地擀壓。58～60 將麵糰折疊成三折。61 如果麵糰內的奶油沒有融化時,可以直接進行第2次的折疊作業。如果有奶油溶出的狀況時,則要放入塑膠袋裡,放置在冷凍庫冰鎮30分鐘。

62～63 進行第2次的折疊作業。將第1次折疊的麵糰以接合處朝上地放置在撒有手粉的工作檯上。64 剛開始時麵糰相當堅硬,擀麵棍較難擀壓,因此以53的要領地先在麵糰上以擀麵棍輕壓。

65 以擀麵棍輕壓後,依55～56的要領,將麵糰擀壓成長60cm×寬20cm的大小。66 將麵糰折疊成三折。邊緣處會稍有緊縮狀態,所以在折疊接合處稍稍拉出麵糰地使其貼合。67 以塑膠袋包妥後放入冷凍庫冰鎮約30分鐘。

想要挑戰一次試作看看的麵包　製作基本麵包麵糰

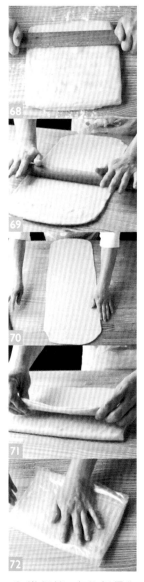

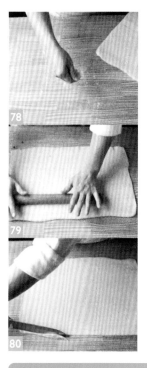

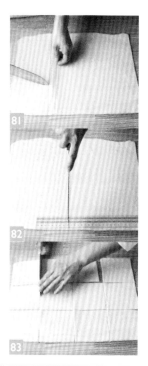

用基本麵糰製作4種丹麥麵包

從下頁開始，是利用製作出的12片麵糰來完成1種丹麥麵包的配比。如果想用12片麵糰製成4種不同種類的麵包時，請先將水果或奶油的份量各減少成1／4再進行製作。

以P.171～P.174製作4種×各3個的丹麥麵包

●前日 混拌材料→揉和（約5分鐘）→確認麩質網狀結構→發酵（在28～30℃下，40～60分鐘）→壓平排氣→冷藏發酵（靜置於冰箱裡15～20小時）

●當天 輕敲奶油→擀壓麵糰→擀壓包裹住奶油的麵糰→第1次的折疊作業→放在冷凍庫中冰鎮（約30分鐘）→製作卡士達奶油→第2次的折疊作業→放在冷凍庫中冰鎮（約30分鐘）→製作杏仁奶油→第3次的折疊作業→放在冷凍庫中冰鎮（約30分鐘）→製作糖漿煮柳橙→第1次為整型而進行的擀壓（30～60分鐘）→第2次為整型而進行的擀壓（30～60分鐘）→整型→最後發酵（在約32℃下約40分鐘）→烤焙（以約220℃烤約12分鐘）→熬煮果醬→隔水加熱風凍→完成

㊇ 進行第3次的折疊作業。以接合處朝上地將麵糰放置在撒有手粉的工作檯上，並以擀麵棍按壓般地會較容易擀壓。㊉～㊀ 利用P.169的要領再度擀壓成長60cm×寬20cm的大小。㊁ 將麵糰折疊成三折。㊂ 以塑膠袋包妥後，放入冷凍庫冰鎮約30分鐘。

㊃ 以接合處朝上地將麵糰放置在撒有手粉的工作檯上，麵糰上也撒上手粉。㊄～㊅ 在麵糰的長寬兩側都以擀麵棍擀壓。㊆～㊇ 擀壓至成25～35cm的大小，為方便放入冷凍庫冰鎮地輕輕將麵糰對折，以塑膠袋包妥後，放入冷凍庫冰鎮約30分鐘。

㊈ 將㊇冰鎮的麵糰放在撒有手粉的工作檯上。㊉ 擀壓成長30cm×寬40cm的大小。⑳ 如果邊緣歪斜的話，可以用切刀切平整合形狀。

㉛～㉜ 切成12片10cm的正方形。以尺量出10cm的間隔，以刀尖做出記號。㉝ 依記號分切麵糰。如果麵糰的狀態變軟時，再冰鎮20分鐘。

Danish pastry

洋梨丹麥

當日作業

以P.166～P.170的基本麵糰。開始
次的折疊作業前製作卡士達奶油。

最後發酵	烤焙	
（在約32℃下約40分鐘）	（以約220℃烤約12分鐘）	完成

材料 （12個）

丹麥麵包麵糰
(參考P.166～P.170)
罐裝洋梨(半顆)…12個
杏桃果醬(以果醬用量加
20%的水分放入鍋中煮
沸，熬煮1～2分鐘)、蛋
液(完成時用) …各適量

卡士達奶油的材料
牛奶 …250ml
蛋黃 …3個
砂糖 …75g
低筋麵粉 …25g
香草精 …少量

所需時間

前一天
1小時

當天
4小時

難易度
★★★

製作卡士達奶油

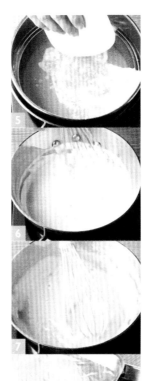

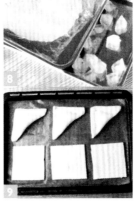

❶ 在攪拌盆中放入砂糖、蛋黃和香草精，以攪拌器混拌。❷ 將材料混拌成如照片之濃稠狀為止。❸ 在②的攪拌盆中加入過篩後的麵粉，用攪拌器拌勻。❹ 將煮至沸騰的牛奶分2次地加入③的攪拌盆中，混拌均勻。

❺ 利用濾網將④的材料過濾至鍋中。❻ 以大火加熱鍋中材料，並避免燒焦地以攪拌器充分混拌。❼ 煮至沸騰後1～2分鐘後起鍋熄火。❽ 將材料移至方型淺盤，疊放在冰塊上冷卻材料。❾ 參考P.166～P.170製作麵糰，放置在約32℃的地方，進行約40分鐘的最後發酵。

❿ 將洋梨切成3～4mm的薄片。在麵糰上塗上蛋液，並擠上卡士達奶油。⓫ 擺放上洋梨片，以約220℃烤焙約12分鐘。⓬～⓭ 以厚鍋加熱杏桃果醬，煮至沸騰後再熬煮1～2分鐘。⓮ 塗抹上杏桃果醬。

想要挑戰一次試作看看的麵包

洋梨丹麥

171

黑櫻桃丹麥

當日作業

	整型	最後發酵 (在約32℃下約 40分鐘)	烤焙 (以約220℃ 烤約12分鐘)	完成
製作P.166~P.170的基本麵糰。開始第3次的折疊作業前製作卡士達奶油。				

材料 （12個）

丹麥麵包麵糰
(參考P.166~P.170)
黑櫻桃(罐裝) …1罐
糖漿(砂糖和水以1:2混拌煮沸) …2大匙
風凍 …100g
杏桃果醬(以果醬用量加20%的水(用量外)放入鍋中煮沸，熬煮1～2分鐘)、蛋液(完成時用)
…各適量

卡士達奶油的材料
牛奶 …250ml
蛋黃 …3個
砂糖 …75g
低筋麵粉 …25g
香草精 …少量

所需時間

前一天
1小時

當天
4小時

難易度
★★★

製作卡士達奶油

❶ 參考P.166~P.170製作麵糰，至第3次折疊作業結束時，參考P.171的①～⑧製作卡士達奶油。❷～❸ 將麵糰折成三角形，留下麵糰頂點，沿著兩側切入1cm切下麵糰。❹ 攤開麵糰。

❺～❻ 將切下的麵糰框折疊放置在對角線上。❼ 放置在舖有烤盤紙的烤盤上，在約32℃的地方，進行約40分鐘的最後發酵。❽ 塗抹蛋液。❾ 在中央處絞擠上卡士達奶油。

❿ 放上7～8粒的黑櫻桃，以約220℃烤焙約12分鐘。⓫～⓬ 風凍放置於工作檯上，澆淋1大匙的糖漿後搓揉。⓭ 移至攪拌盆中再加入1大匙的糖漿，隔水加熱地將糖漿加溫至人體肌膚的溫度。⓮ 在麵包上刷塗上杏桃果醬及風凍。

Danish pastry

柳橙丹麥

材料 （12個）

丹麥麵包麵糰
(參考P.166～P.170)
風凍 …100g(參考P.172
的⑪～⑬地稀釋)
杏桃果醬(果醬用量加
20%的水分放入鍋中煮
沸，熬煮1～2分鐘)、蛋
液(完成時用) …各適量
糖漿煮柳橙的材料
柳橙 …1個
糖漿(以砂糖100g、水200g
的比例來製作) …300g
卡士達奶油的材料
牛奶 …250ml
蛋黃 …3個
砂糖 …75g
低筋麵粉 …25g
香草精 …少量

所需時間

前一天
1小時
當天
4小時

難易度

★★★

製作P.166～P.170的基本麵糰。開始第3次的折疊作業前製作卡士達奶油。 ▶ **整型** ▶ 最後發酵（在約32℃下約 40分鐘） ▶ 烤焙（以約220℃ 烤約12分鐘） ▶ **完成**

製作糖漿煮柳橙

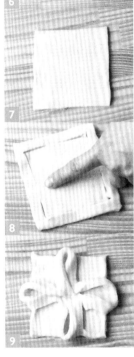

❶ 洗淨柳橙皮後，切成7～8mm的圓片。❷ 將糖漿放入鍋中加熱。❸ 當 ② 沸騰後放入柳橙片。❹ ～ ❺ 覆蓋上廚房紙巾做為壓蓋，以小火熬煮10分鐘。直接放置在鍋中待其冷卻。

❻ ～ ❼ 參考 P.166～P.170製作麵糰。❽ 在麵糰的四個角落距邊緣1cm處，劃切出L字型。❾ 以切入的角為頂點地將L型麵糰折向中央處。❿ 放置在舖有烤盤紙的烤盤上，在約32℃的地方，進行約40分鐘的最後發酵。

❿ 在麵糰上塗抹蛋液。⓫ 參考P.171的①～⑧製作卡士達奶油，絞擠在中央處。⓬ 擺放上1片糖漿柳橙，以約220℃烤焙約12分鐘。⓭ 在烤焙完成的麵包上塗抹熬煮過的杏桃果醬。⓮ 將風凍塗在麵包的邊緣。

杏仁奶油丹麥

材料 （12個）

丹麥麵包麵糰
(參考P.166～P.170)

杏仁奶油的材料

奶油(室溫) …20g

砂糖 …20g

雞蛋(打散) …20g

杏仁粉 …20g

蘭姆酒 …5ml

糖粉、蛋液(完成時用)
…各適量

所需時間

前一天
1小時
當天
4小時

難易度
★★★

當日作業

製作P.166～P.170的基本麵糰。開始第3次的折疊作業前製作卡士達奶油。	整型	最後發酵 （在約32℃下約40分鐘）	烤焙 （以約220℃烤約12分鐘）

製作杏仁奶油

❶ 在攪拌盆中放入回復至室溫的奶油，以攪拌器攪打。❷～❸ 在①的攪拌盆中放入砂糖，攪拌至顏色變白為止。❹～❻加入少許蛋液混拌，分3～4次加入混拌以避免分離狀況。

❼ 以攪拌器混拌至如照片中的硬度為止。❽ 在❼的攪拌盆中加入杏仁粉混拌。❾ 最後加入蘭姆酒，充分拌勻。❿ 攪拌成照片中的狀態時，即已完成。裝入擠花袋中。

⓫ 參考P.166～P.170製作麵糰。⓬ 在麵糰中央稍高的位置擠上杏仁奶油。⓭ 對折麵糰使其成為三角形，以手指按壓邊緣。放在烤盤上，在約32℃的地方，進行約40分鐘的最後發酵。⓮刷塗蛋液，以約220℃烤焙約12分鐘，篩撒上糖粉。

Variation
改變配料及形狀來製作
丹麥麵包的變化組合

藍莓丹麥

水蜜桃丹麥

鳳梨丹麥

杏桃丹麥

雪球丹麥

杏仁奶油丹麥(蝴蝶狀)

杏仁奶油丹麥(新月狀)

鳳梨柑橘丹麥

蘭姆葡萄丹麥

首先 製作麵包麵糰

只要改變形狀及水果，就可以自己創作出不同的變化

用P.166基本麵糰的分量，試著做看看9種不同口味變化的丹麥麵包。參考P.166的①～P.170的⑦⑧製作麵糰。最後發酵與烤焙時間則與P.171～P.174相同。

擀壓後的麵糰分切成這個樣子

10cm　10cm　10cm　10cm

10cm

10cm

10cm

蘭姆葡萄丹麥用

40cm

↑分切成8片10cm方形麵糰、長10cm×寬40cm的麵糰1片。

將P.170中⑦⑧的麵糰整型成長30cm×寬40cm的大小。

用尺量測後以刀子分切。

鳳梨 柑橘丹麥

材料 （1個）

丹麥麵包麵糰(參考P.166～P.170)
罐裝柑橘 …2～3片、罐裝鳳梨 …3～4片
卡士達奶油(參考P.171)、杏桃果醬(參考P.171熬煮)、
蛋液(完成時用) …各適量

←將麵糰折成三角形，用刀子從右邊1cm處切入。

→攤開麵糰，將切開的部份疊至對角線上。放在舖有烤盤紙的烤盤中，進行最後發酵。

←刷塗上蛋液，擠入卡士達奶油。放上鳳梨及柑橘一起烤焙。烘烤完成時再刷塗上熬煮過的杏桃果醬。

杏桃丹麥

材料 （1個）

丹麥麵包麵糰(參考P.166～P.170)、罐裝杏桃 …2個
卡士達奶油(參考P.171)、杏桃果醬(參考P.171熬煮)、風凍(參考P.172的11～13.搓揉製作備用)、蛋液(完成時用)
…各適量

←將麵糰一角折向中央。

→折角對向的角也向中央折入。放在舖有烤盤紙的烤盤中，進行最後發酵。

←刷塗上蛋液，擠入卡士達奶油。放上杏桃烤焙後，刷塗上熬煮過的杏桃果醬及風凍。

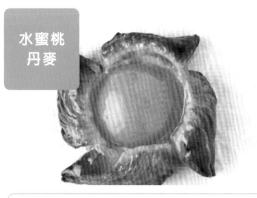

水蜜桃丹麥

材料 （1個）
丹麥麵包麵糰(參考P.166～P.170)
罐裝水蜜桃…1個
卡士達奶油(參考P.171)、杏桃果醬(參考P.171熬煮)、
蛋液(完成時用)…各適量

←將麵糰折成三角形，由頂點切入約3cm的切痕。

→攤開麵糰，在另外兩個角上也劃入切痕。

←在切痕處向中央折入。

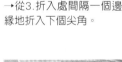

→從3.折入處間隔一個邊緣地折入下個尖角。

←全部共折入4個尖角，折成像風車的樣子。放在舖有烤盤紙的烤盤中，進行最後發酵。

→在全體麵糰上刷塗蛋液，中央處擠入卡士達奶油。放上水蜜桃一起烤焙。烘烤完成時再刷塗上熬煮過的杏桃果醬。

藍莓丹麥

材料 （1個）
丹麥麵包麵糰(參考P.166～P.170)
冷凍藍莓…1大匙、鳳梨罐頭…3～4片
卡士達奶油(參考P.171)、杏桃果醬(參考P.171熬煮)、風凍(參考P.172的⑪～⑬搓揉製作)、蛋液(完成時用)…各適量

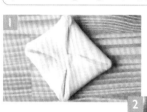

←將麵糰的四角全部折向中央。

→翻轉麵糰將中央部份稍稍按壓出凹槽，放在舖有烤盤紙的烤盤中進行最後發酵。

←在麵糰上刷塗蛋液，並在凹槽處擠入卡士達奶油及冷凍藍莓放入烘烤。烘烤完成時再刷塗上熬煮過的杏桃果醬和風凍。

1 將 ① 折疊過四個角再折向中央

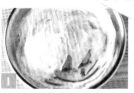

以1:1的比例放入卡士達奶油和打發鮮奶油，混拌均勻。

再度折疊四個角後的麵糰，放置進行最後發酵、刷塗蛋液烤焙。在1／3處切開，擠入①的餡料並撒上糖粉。

雪球丹麥

材料 （1個）
丹麥麵包麵糰(參考P.166～P.170)
卡士達奶油(參考P.171)、鮮奶油(打發)、糖粉、蛋液(完成時用)…各適量

鳳梨丹麥

材料 （1個）
丹麥麵包麵糰(參考P.166～P.170)
罐裝鳳梨…圓片1片、卡士達奶油(參考P.171)、蛋液(完成時用)、杏桃果醬(參考P.171熬煮)、風凍(參考P.172的⑪～⑬ 搓揉製作備用)…各適量

1 將麵糰的四角全部折向中央。放在鋪有烤盤紙的烤盤中進行最後發酵。

2 在麵糰上刷塗蛋液，擠入卡士達奶油，排放鳳梨後烘烤。完成時再刷塗杏桃果醬和風凍。

杏仁奶油丹麥 (蝴蝶狀)

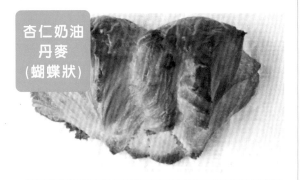

材料 （1個）
丹麥麵包麵糰(參考P.166～P.170)
杏仁奶油(參考P.174)、蛋液(完成時用)…各適量

1 使用進行過最後發酵的麵糰。在麵糰中央稍高處擠入杏仁奶油。

2 折疊成三角形。在頂點處縱向劃出兩道切痕。

翻折切痕中間部份的麵糰，以手指捏緊貼合使其固定。刷塗蛋液烤焙。

蘭姆葡萄丹麥

材料 （1個）
丹麥麵包麵糰(參考P.166～P.170)
蘭姆葡萄…50g、卡士達奶油(參考P.171)、杏仁奶油(參考P.174)、蛋液(完成時用)、杏仁片、細砂糖…各適量

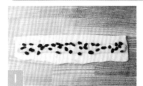

1 在麵糰中央處擠上杏仁奶油及卡士達奶油，再橫向排放上蘭姆葡萄乾。

2 將麵糰上下地包覆住奶油，並以手指捏緊貼合。放在鋪有烤盤紙的烤盤中，進行最後發酵。

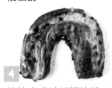

3 將麵糰全體刷塗上蛋液，接合處撒上杏仁片及細砂糖，放入烤焙。

4 烤焙完成時如照片般。再分切成易於食用的大小。

杏仁奶油丹麥 (新月狀)

材料 （1個）
丹麥麵包麵糰(參考P.166～P.170)
杏仁奶油(參考P.174)、蛋液(完成時用)…各適量

在完成最後發酵的麵糰中央稍高處，擠入杏仁奶油，上方麵糰稍長1cm地橫向對折麵糰。

在接合處劃切出1cm的切痕，將麵糰兩端如扇型般拉開。最後發酵後刷塗蛋液並烘烤。

Simit

芝麻圈麵包

充滿著芝麻香氣的土耳其圈狀麵包

Point

在整型搓揉成棒狀時，
不可以用指尖必須用手掌進行

因為麵糰容易收縮所以必須
確實地搓成細長形狀

179

Simit

芝麻圈麵包

材料 (18個)

法國麵包專用粉(France)
…250g

砂糖 …13g

鹽 …4g

奶油(室溫) …13g

雞蛋 …13g

新鮮酵母 …8g

(使用速溶乾酵母時4g)

水 …135g

白芝麻(炒香) …適量

油脂類(塗抹攪拌盆用)
…適量

所需時間

當日
2小時50分鐘

難易度
★★★

混拌材料　　　　　在工作檯上搓揉

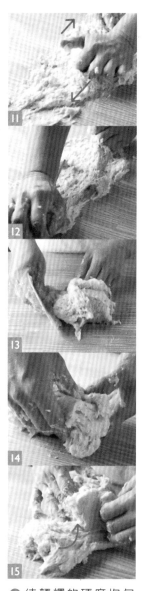

❶ 在攪拌盆中放入法國麵包專用粉、砂糖、鹽以及奶油。❷ 在別的攪拌盆中放入新鮮酵母和水混拌,再加入雞蛋混拌。❸ 將②的材料倒入①的攪拌盆中。❹～❺ 用指尖以畫圓的方式混拌。

❻～❽ 待材料混拌成形後移至工作檯上。以刮板乾淨地刮落沾黏在手指及攪拌盆中的麵糰。❾～⓬ 以手抓住麵糰,在工作檯上以手上下交替滑動地搓揉麵糰。

⓭ 待麵糰的硬度均勻時,以刮板聚攏麵糰並刮落沾黏在手上的麵糰。⓮ 將指尖插入麵糰底部,將麵糰提舉起來。⓯ 將麵糰下端摔打在工作檯上。

摔打揉和 （約5分鐘）	推壓揉和 （約10分鐘，揉和完成的溫度為26〜28℃）	發酵 （在28〜30℃下約50分鐘）接下頁

摔打揉和 **5**分鐘後
的狀態

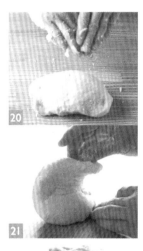

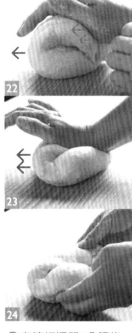

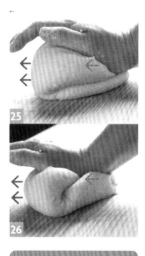

推壓揉和 **10**分鐘後
的狀態

發酵後

⑯ 將手上的麵糰覆蓋在下端麵糰上。⑰〜⑲ 不斷地轉動變換麵糰的方向，邊以⑭〜⑯的要領摔打揉和麵糰約5分鐘。

⑳ 在摔打揉和5分鐘後，搓下沾黏在手上的材料揉至麵糰中。㉑〜㉓ 將麵糰對折，以手掌彷彿推壓般地揉和麵糰。㉔ 揉和至接合處朝上時，轉動麵糰的方向。

㉕〜㉖ 依㉑〜㉓的要領，揉和約10分鐘。㉗ 當麵糰變得平順光滑時，確認麩質網狀結構。㉘ 麩質網狀結構如照片般的狀態時，即是麵糰已成形了。

㉙ 將麵糰放入塗抹了油脂類的攪拌盆中，避免乾燥地放在28〜30℃的地方，發酵約50分鐘。㉚〜㉛ 取出發酵後的麵糰放在工作檯上。㉜ 將麵糰切成棒狀。

分割 → 滾圓 → 中間發酵（約15分鐘）

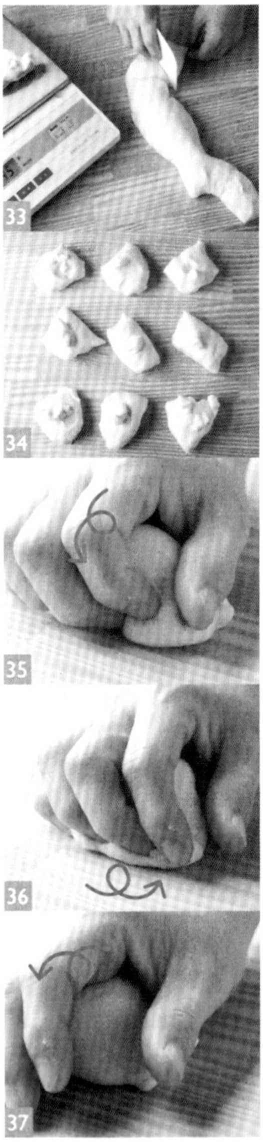

㉝～㉞切割成每個45g的大小。將不足45g的麵糰均分成麵糰數加入其中。㉟～㊲將手指彎曲成像貓爪的姿勢將麵糰包起來，在工作檯上以擦磨的方式，逆時針地將麵糰滾成圓形。

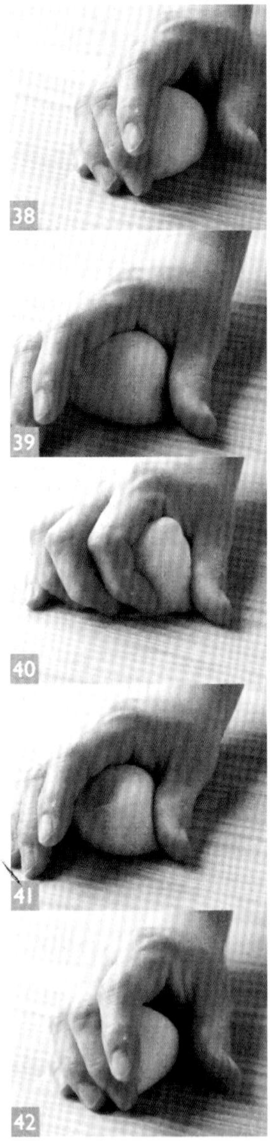

㊳～㊷依㉟～㊲的要領滾圓所有的麵糰。

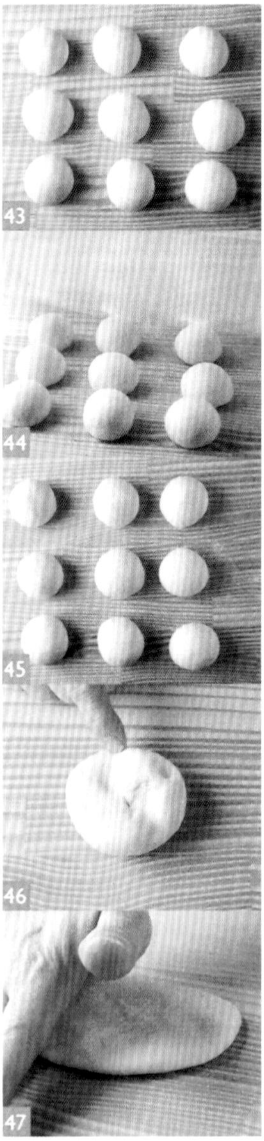

㊸～㊹覆蓋上塑膠袋，進行約15分鐘的中間發酵。㊺～㊻翻轉完成中間發酵的麵糰，使收口處朝上。㊼以手掌壓平麵糰。

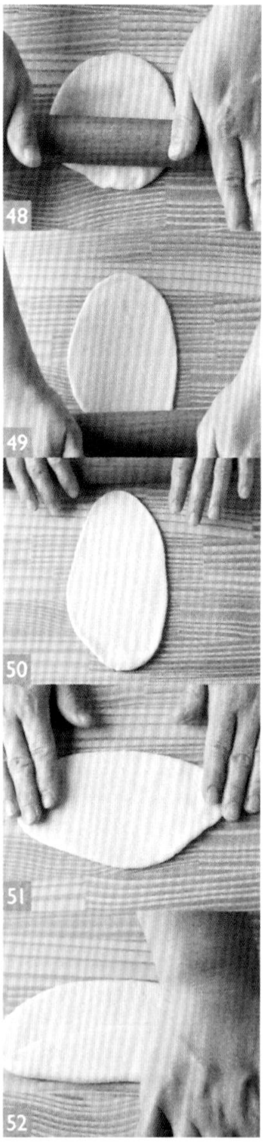

㊽～㊿以擀麵棍將麵糰擀壓成橢圓形。(51)～(52)將麵糰橫放，由上端向中央折下1／3。

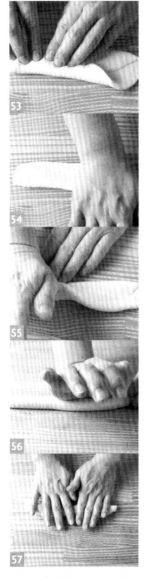

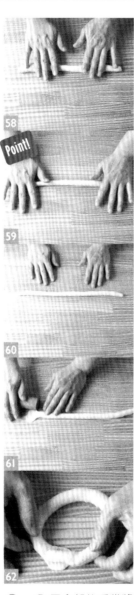

Point!

最後發酵後

53 ～ 54 轉換方向，再由上端折入1／3，以手掌輕壓接合處。55 ～ 56 再將麵糰對折，接合處用手掌根部貼合，使麵糰表面平整。57 按壓麵糰般地轉動使其成為長條狀。

58 ～ 60 用全部的手掌將麵糰轉動成約30cm的長度。61 麵糰的右端以擀麵棍前方按壓開。62 將麵糰彎成圈狀。

Point! 整型時必須用全部的手掌來進行

在轉動麵糰時，不能只用手指，必須以手掌全部來進行。

63 ～ 64 擀壓開的右端麵糰包覆住左端麵糰，接口處以手指捏緊貼合。65 ～ 66 準備好裝有白芝麻的方型淺盤以及放著濕布的方型淺盤。將麵糰的表面以濕布沾濕。67 在表面沾黏上白芝麻。

68 ～ 69 排放在舖有烤盤紙的烤盤中，在約35℃的地方進行約30分鐘的最後發酵。70 ～ 71 以噴霧器在完成發酵的麵糰上噴撒大量的水，以約220℃烤焙12～15分鐘。

想要挑戰一次試作看看的麵包　芝麻圈麵包

183

麵包物語 + ①

關於可以縮短揉和作業的攪拌機

利用方便的機具，可以縮短麵包製作的時間

家用麵包機 Home bakery

這個時候就非常方便！

適合從揉和作業至烤焙，都想要交給機器的人。也推薦給「首先由製作吐司開始」的麵包初學者。

使用時的重點

依機器的種類不同，而會有僅揉和單一方向或揉和力道較輕的狀況，因此在製作的最後，還是必須輕輕地再用手工揉和。

攪拌器 Kitchenaid

這個時候就非常方便！

最適合僅將揉和的作業交由機器來進行，而其他部份想要以手工製作的人。不只是麵包，還可用於打發鮮奶油和製作蛋糕或餅乾。

使用時的重點

在揉和較柔軟的麵糰時，中央攪拌叉因很難聚攏麵糰，所以在攪拌盆周圍的麵糰，必須以刮板等仔細地將其刮入其中一起揉和。

拌和機 Kneader

這個時候就非常方便！

揉和麵包麵糰和麻糬等材料時，就非常方便。依大小不同，有的可以一次揉和大量的材料，大量製作麵包時，非常重要且方便。

使用時的重點

因有的機種無法調節轉動的速度，因此很重要的是必須非常仔細地確認揉和狀態。如果直接放置任其揉和時，可能會發生過度揉和的狀況。

由機器來進行揉和時必須注意的幾項重點

製作麵包時，最花時間的就是揉和作業。特別是在還沒有習慣前，不清楚揉和狀況時，應該是最花時間的。即使習慣之後，揉和作業仍是相當辛苦的作業過程。如果每天都得製作麵包的話，使用揉和專用的攪拌機，可以縮短時間，就非常的方便。

使用方法，只要放入麵糰的材料，簡單地按下開始的按鈕即可。依種類不同，還有可以選擇轉動速度的機種。

但是即使揉和作業可以交由機器來進行，仍不可進入發酵作業，必須先仔細地確認麩質網狀結構。

此外，即使可調節水溫，但因機械本身的熱度，也可能會使麵糰的溫度過高，有這種情況時，必須從中途開始改為以手揉和。以這種方法降低麵糰溫度後，再進行發酵，才能順利地作業。

Pain de seigle

黑麥麵包

乾燥水果的醇厚甘甜更能提引出黑麥的美味

黑麥麵包

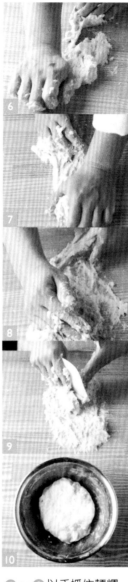

材料 （3個）

法國麵包麵糰的材料

法國麵包專用粉(France)…100g

鹽…2g

速溶乾酵母…1g

水…65g

發酵種的材料

法國麵包專用粉(France)…150g

鹽…3g

法國麵包麵糰…上述中的9g

水…94g

麵糰的材料

法國麵包專用粉(France)…50g

黑麥粉…200g

發酵種…上述中的250g

鹽…5g

速溶乾酵母…2g

麥芽糖漿…1g

水…158g

核桃、杏桃乾…各30g

油脂類(塗抹攪拌盆用)…適量

所需時間

前一天
1小時

當天
3小時50分鐘

難易度
★★★

※剩餘的法國麵包麵糰利用法可參考P.203。

① 參考P.158的 ① ～ ⑥ 製作法國麵包麵糰，在28～30℃下，發酵1～3小時。 ② ～ ④ 製作發酵種。將發酵種材料全部放入攪拌盆中，用指尖以畫圓的方式混拌。 ⑤ 待材料混拌成形後移至工作檯上。乾淨地刮落沾黏在手指及攪拌盆中的麵糰。

⑥ ～ ⑧ 以手抓住麵糰，在工作檯上以手上下交替滑動地搓揉麵糰。 ⑨ 待麵糰的硬度均勻時，以刮板聚攏麵糰。刮落沾黏在手上的材料加入麵糰中。 ⑩ 將麵糰放入塗抹了油脂類的攪拌盆中，避免乾燥地放在22～25℃的地方，發酵約15～20小時。

⑪ 將核桃切成粗粒。切碎杏桃乾。 ⑫ 發酵後的麵糰。 ⑬ 以手指攪拌使水和麥芽糖漿溶合為一。 ⑭ 在另外的攪拌盆中放入法國麵包專用粉、黑麥粉、鹽及速溶乾酵母。 ⑮ 以刮板切開發酵種，放入⑭當中。

| 在工作檯上搓揉 | 摔打揉和
（約5分鐘） | 推壓揉和
（約5分鐘） | 分割 | 接下頁 |

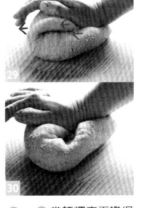

接下頁

揉和 **5分鐘後**
的狀態

想要挑戰一次試作看看的麵包　黑麥麵包

⑯ ～ ⑰ 將 ⑬ 的材料加入 ⑮ 的攪拌盆中，以手抓握地使材料混拌。⑱ 待材料混拌成形後移至工作檯上。乾淨地刮落沾黏在手指及攪拌盆中的麵糰。⑲ ～ ⑳ 以雙手抓住麵糰，在工作檯上以手上下交替滑動地搓揉麵糰。

㉑ ～ ㉒ 待麵糰的硬度均勻時，以刮板聚攏麵糰。刮落沾黏在手上的麵糰。㉓ 將麵糰提舉起來。㉔ 使麵糰下端摔打在工作檯上。㉕ 將手上的麵糰覆蓋在下端麵糰上。邊不斷地變換麵糰的方向，邊以㉓～㉕的要領，持續揉和約5分鐘。

㉖ ～ ㉗ 當麵糰表面變得平順光滑時，搓下沾黏在手指的材料加入麵糰中。㉘ ～ ㉚ 對折麵糰，以手掌按壓接合處般推壓地揉和麵糰。揉和至接合處朝上時，90度地變換麵糰方向，對折，以推壓般地揉和，揉和作業約持續5分鐘。

㉛ ～ ㉜ 當麵糰表面光潔滑順後，確認麩質網狀結構。網狀結構如照片般的狀態時，即是完成這個作業了。㉝ 將麵糰分割成每個220g的大小。㉞ 各別是核桃口味、杏桃乾口味及原味，共三種。

將核桃及杏桃乾混拌在麵糰中	發酵 （在28～30℃下60分鐘）

發酵後

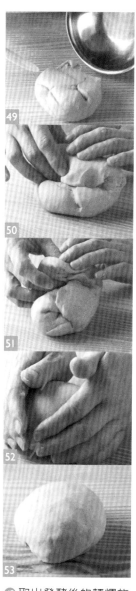

㉟～㊱ 攤開麵糰，放上杏桃乾再捲起麵糰。㊲以90度方向轉動麵糰，再次捲起麵糰。㊳～㊴依㉘～㉚的要領推壓般地揉和麵糰，將杏桃乾揉和至麵糰中。

㊵攤開第二個麵糰。㊶～㊷放上核桃，依㉟～㊲的要領，將麵糰捲起2次。㊸～㊹依㉘～㉚的要領推壓般地揉和麵糰，將核桃揉和至麵糰中。

㊺～㊻當核桃混入全體麵糰後，將其滾圓。原味的麵糰也同樣滾圓。㊼～㊽將麵糰各別放入塗抹了油脂類的攪拌盆，避免乾燥地放在28～30℃的地方，發酵約60分鐘。

㊾取出發酵後的麵糰放在撒有手粉的工作檯上。㊿～51輕輕捲起麵糰，將麵糰轉動90度，再次捲起。52～53由遠而近地推動滾圓麵糰。

滾圓	中間發酵 (約15分鐘)	整型	最後發酵 (在約32°C下約60分鐘)	烤焙 (以約240°C烤約10分鐘、 以約220°C烤約25分鐘)

最後發酵後

54 其餘的麵糰也同樣地滾圓。 55 覆蓋上塑膠袋，進行15分鐘的中間發酵。 56～ 58 將中間發酵後的麵糰翻面，以手掌壓平。

59～ 61 將麵糰上端的1／3向下折疊，變換方向再次將上端的麵糰向下折疊1／3，接合處以手掌輕壓貼平。 62～ 63 對折麵糰，接合處以手掌根部按緊貼合。

64 轉動麵糰的兩端，使其成為棒狀。 65 將麵糰的接合處朝下，在表面淺淺地割劃出割紋。 66 在烤盤上舖放厚布巾，做出山形凹槽。將麵糰放入凹槽中。 67 將核桃麵糰和杏桃乾麵糰放置在山形凹槽中。 68 放置在32°C的地方，進行約60分鐘的最後發酵。

69～ 71 將烤盤放入烤箱中預熱。在工作檯上放置烤盤紙，將最後發酵完成的麵糰放在烤盤紙上。 72 連同烤盤紙一同移至烤盤上，用噴霧器噴撒大量的水。以約240°C烤焙10分鐘，再降低溫度以約220°C烤約25分鐘。

麵包物語 + ①

記住割劃紋路的方法，就可以完成漂亮的麵包！

在麵糰上割劃割紋的簡單作業也是有原因的

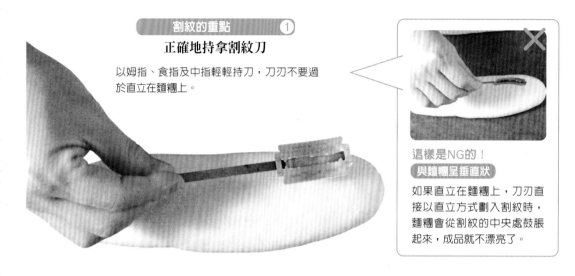

割紋的重點 ①

正確地持拿割紋刀

以姆指、食指及中指輕輕持刀，刀刃不要過於直立在麵糰上。

✕

這樣是NG的！

與麵糰呈垂直狀

如果直立在麵糰上，刀刃直接以直立方式劃入割紋時，麵糰會從割紋的中央處鼓脹起來，成品就不漂亮了。

割紋的重點 ②

縱向劃入割紋時
務使割紋的位置能重疊1／3

劃入2道割紋時，在與第1道割紋重疊的1／3處切劃第2道割紋。

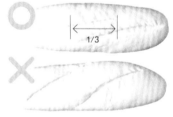

會產生漂亮的割紋。

以幾乎與麵糰平行的角度劃入割紋時，烤焙後

割紋的重點 ③

以錯誤的方式劃入割紋時，
烤焙後也不會膨脹出漂亮的割紋

垂直持拿割紋刀割劃時，烤焙後割紋不會順利地開展出漂亮的紋路

對著麵糰垂直地切劃出割紋時，因

刀刃會過度深劃至麵糰中，所以烤焙時，割紋就無法順利地開展成漂亮的形狀。用刀刃彷彿要削切麵糰表面般，迅速地劃切是要訣。

硬式麵包，在烤焙前會先以割紋刀劃出割紋。這項作業就稱之為割紋。進行割紋作業，是有兩個主要的原因。

首先是，麵包可以看起來更美麗誘人。等距的割紋，不僅看起來比較美味，也會因割紋的內側及外側的烘烤色對比，而更有色彩變化。

其次是，可以讓麵包均勻地膨脹，可以烤焙出感覺份量十足的麵包。最後發酵後的麵糰內，因有許多二氧化碳以不規則狀態囤積在其中。割劃出割紋，可以讓麵糰內的氣體某個程度向外溢出，進而使麵糰能有均勻膨鬆的狀態。

藉由這些動作，與均等的烤焙火力，就能烤出金黃美觀且美味的麵包。

為了烤焙出美麗且份量十足的麵包

Ciabatta
巧巴達
幽默地戲稱其形狀如拖鞋般的義大利麵包

Point

即使發酵種相當堅硬，
也不能加水地充分揉和

在揉和麵糰時也不能
使其產生硬塊地確實充份揉和

Ciabatta

巧巴達

材料 （3個）
發酵種的材料
法國麵包專用粉(France)
…250g
速溶乾酵母 …2g
水 …110g
麵糰的材料
鹽 …5g
速溶乾酵母 …2g
麥芽糖漿 …1g
發酵種 …上述之全部
水 …33g
牛奶 …33g
手粉、油脂類(塗抹攪拌
盆用) …適量

所需時間
前一天
15分鐘
當天
2小時30分鐘

難易度
★★★

| 混拌發酵種材料 | 揉和
（約10分鐘） | 發酵
（在20～25℃下約15～20小時） |

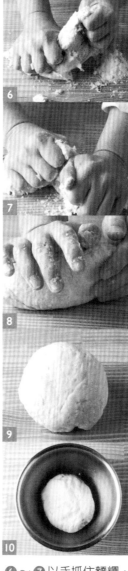

發酵種
發酵後

❶～❷ 製作發酵種。以攪拌器混拌速溶乾酵母和水。❸ 在另外的攪拌盆中入法國麵包專用粉，再加入②的材料混拌。❹ 用指尖以畫圓的方式混拌。❺ 待材料混拌成形後移至工作檯上。乾淨地刮落沾黏在手指及攪拌盆中的麵糰。

❻～❼ 以手抓住麵糰，在工作檯上以手上下交替滑動地搓揉麵糰。❽～❾ 因麵糰較硬所以需要用力揉和。揉和至全體麵糰的硬度均勻，整合成麵糰。❿ 將麵糰放入塗抹了油脂類的攪拌盆中，避免乾燥地放在20～25℃的地方，發酵約15～20小時。

⓫～⓬ 製作麵糰。將發酵後的麵糰以刮板切成小塊，放入攪拌盆中。⓭～⓮ 在另外的攪拌盆中，以水溶化麥芽糖漿，再加入牛奶以攪拌器混拌至均勻。

⑮～⑰ 在 ⑫ 的攪拌盆中加入鹽和速溶乾酵母，再加入 ⑭ 的材料混拌。⑱～⑲ 以抓握般地混拌全體材料。雖然混拌相當困難，但約混拌 5 分鐘之後，漸漸麵糰開始會吸收水份。

⑳ 當全體大致混合後，取出放置在工作檯上。乾淨地刮落沾黏在手指及攪拌盆中的麵糰。㉑～㉒ 以雙手抓住麵糰，在工作檯上，上下交替地以撕扯般地搓揉麵糰至麵糰完全沒有硬塊為止。㉓～㉔ 待麵糰的硬度均勻時，以刮板聚攏麵糰。刮落沾黏在手上的麵糰。

COLUMN

在義大利有哪些麵包?

義大利是南北狹長的國家，每個地區都各有其多彩多姿的麵包。但不管是什麼地方的麵包，不管是什麼形狀，大部份的麵包都是材料相當簡單，口味單純的麵包。從稍帶點鹹味、油脂含量較低的輕食口感，以至於口感香甜濃郁的各種風味都可以嚐到。此外，口感像海綿蛋糕般的潘多羅(Pandoro)、或是加入了大量乾燥水果，可以保存較長時間的潘娜多妮(Panettone)等，源自於基督教的麵包很多就是其特色。現在已經不限於基督教的節慶，而在平時就可以享用了。

具代表性的義大利麵包

羅賽塔 Rosetta
酵母的單純口味。僅有麵粉、鹽、水以及以專用壓模成型。材料玫瑰形狀的小型麵包。

義大利麵包棒 Grissini
用來搭配義大利麵食用。麵包。可以當下酒零食，或是源自於杜林(Torino)的棒狀

達拉里 Taralli
麵包。南義大利經常食用的烤焙成的脆麵包。是燙煮過的圓形麵糰再

佛卡夏 Focaccia
是三明治經常用的麵包。香草等風味，口味豐富。形麵包。經常添加橄欖或以手指按壓出孔洞的平坦

摔打揉和 （約5分鐘，揉和完成的溫度為25～27℃）	發酵 （在28～30℃下 約50分鐘）	分割 （整型）	最後發酵 （在約32℃下 約40分鐘）	烤焙 （以約230℃、 20～25分鐘）

發酵後

揉和 5分鐘後
的狀態

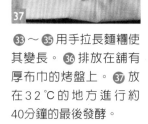

最後發酵後

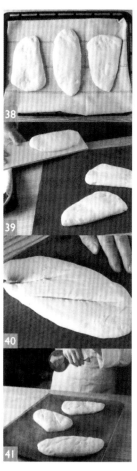

㉕ 將指尖插入麵糰底部，將麵糰提舉起來。㉖ 將麵糰下端摔打在工作檯上。㉗ 手上的麵糰覆蓋在下端麵糰上。不斷地變換麵糰的方向重覆㉕～㉗的動作，持續揉和約5分鐘。㉘ 揉和至麵糰表面平整如照片中的狀態為止。

㉙ 確認麩質網狀結構。網狀結構如照片般的狀態時，即可將其放回麵糰揉和成形。㉚ 將麵糰放入塗抹了油脂類的攪拌盆中，避免乾燥地放在28～30℃的地方，發酵約50分鐘。㉛～㉜ 取出發酵後的麵糰放在撒有手粉的工作檯上，以刮板切分成3等份。

㉝～㉟ 用手拉長麵糰使其變長。㊱ 排放在舖有厚布巾的烤盤上。㊲ 放在32℃的地方進行約40分鐘的最後發酵。

㊳～㊴ 將烤盤放入烤箱中預熱。在工作檯上放置烤盤紙，用板子將最後發酵後的麵糰放在烤盤紙上。㊵ 斜向劃入2道割紋。㊶ 連同烤盤紙一同移至預熱的烤盤上，用噴霧器噴撒大量的水，以約230℃烤焙20～25分鐘。

Brezel

布雷結

最適合當下酒點心的德國麵包

Point

製作時必須先閱讀P.206的
注意需知

發酵或最後發酵以及烤焙時等，
都必須要非常留意乾燥狀況

Brezel

布雷結

材料 （7個）

法國麵包專用粉(France)
…250g
砂糖 …5g
鹽 …5g
脫脂奶粉 …5g
起酥油 …8g
新鮮酵母 …8g
(使用速溶乾酵母時4g)
水 …125g
岩鹽(沒有時用粗鹽)
…適量
油脂類(塗抹攪拌盆用)
…適量

鹼性溶液的材料

氫氧化鈉(燒鹼Caustic
Soda) …60g
水 …2L

所需時間

當日
2小時30分鐘

難易度
★★★

※氫氧化鈉是強鹼藥品。在
日本於藥局購買時必須購妥
印章及說明使用目的。

混拌材料	在工作檯上搓揉	揉和 （約15分鐘）

揉和 **15**分鐘後
的狀態

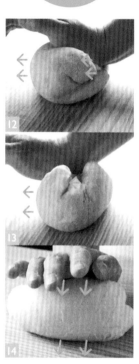

❶ 在攪拌盆中放入法國
麵包專用粉、砂糖、
鹽、脫脂奶粉以及起酥
油。 ❷ 在別的攪拌盆中
放入新鮮酵母和水混拌。
❸ ～ ❹ 將 ❷ 的材料倒
入 ❶ 的攪拌盆中,用指
尖混拌。 ❺ 待材料混拌
成形後移至工作檯上。

❻ ～ ❼ 以刮板乾淨地刮
落沾黏在手指及攪拌盆
中的麵糰。以兩手抓住
麵糰,上下交替地如撕
扯般地搓揉麵糰。 ❽ 待
麵糰的硬度均勻時,以
刮板聚攏麵糰並刮落沾
黏在手上的麵糰。 ❾ ～
❿ 朝自己的方向對折
麵糰。

⓫ 以手掌推壓接合處般
地揉和麵糰。揉和至接
合處朝上時,轉動麵糰
的方向,再度對折麵
糰,以推壓的方式揉和
麵糰,持續揉和作業約
15分鐘。 ⓬ ～ ⓮ 因為是
較硬的麵糰,所以需要
用力確實地揉和。

發酵 (在28～30℃下、約30分鐘)	分割	滾圓	中間發酵 (約10分鐘)	製作 鹼性溶液	整型	接下頁

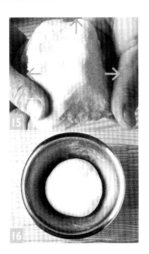

發酵後

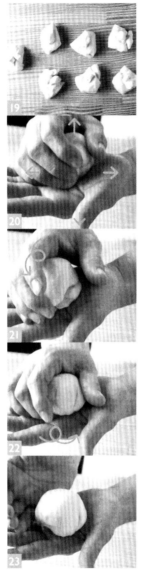

Point!

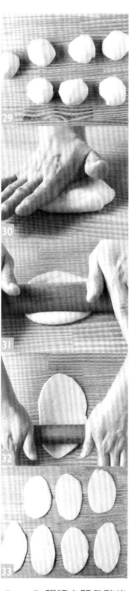

⓯～⓰ 確認麩質網狀結構，網狀結構如照片般的狀態時，將麵糰放入塗抹了油脂類的攪拌盆中，避免乾燥地放在28～30℃的地方，發酵約30分鐘。⓱～⓲ 取出發酵後的麵糰放在工作檯上，將麵糰分割成55g的大小。

⓳～㉓ 剩餘的麵糰等分成切好的麵糰數並加入其中。將麵糰放置在手掌中，另一手彎曲成像貓爪般地把麵糰包起來。在手掌上以逆時針方向磨擦方式旋轉麵糰，來回地將麵糰滾圓。㉔ 蓋上塑膠袋，中間發酵約10分鐘。

㉕～㉘ 將氫氧化鈉溶液的材料放入塑膠製的密閉容器中，以攪拌器攪拌。

Point! 必須注意避免溶液四處飛濺

氫氧化鈉是強鹼藥品。必須注意不可混入眼口之中。

㉙～㉚ 翻轉中間發酵後之麵糰，以手掌壓平。
㉛～㉝ 雖然為整型而必須擀壓成40～50cm，但在此先擀壓成約20cm。

想要挑戰一次試作看看的麵包　布雷結

197

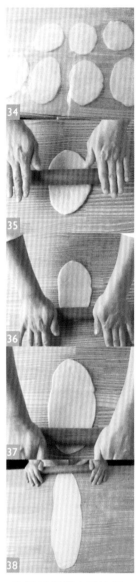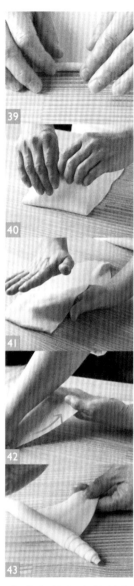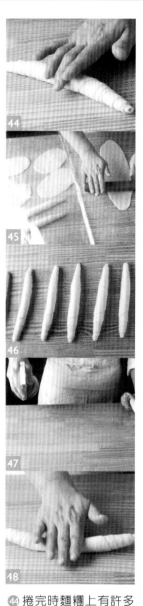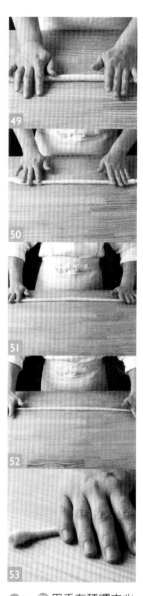

㉞ 因麵糰很容易乾燥，所以在麵糰上覆蓋塑膠袋。㉟～㊳ 將剛擀壓過的麵糰，再次用擀麵棍以兩面交替的方式，擀壓成40～50cm。其餘的麵糰在擀壓前都以塑膠袋覆蓋住，以避免乾燥。

㊴ 在麵糰的上端捲折起來做為軸心。㊵～㊶ 從工作檯上剝下麵糰，並以手輔助使其平整。㊷～㊸ 單手以軸心捲起麵糰，另一手稍稍拉著麵糰地輔助捲動。

㊹ 捲完時麵糰上有許多接合處，即是最佳狀態。㊺～㊻ 依㉟～㊹的要領，將所有的麵糰都捲起來。㊼ 使用木製工作檯或容易乾燥的工作檯時，可用噴霧器噴濕工作檯。㊽ 以中指按壓麵糰的中心。

㊾～㊿ 用手在麵糰中心處向外側轉動，推擀成約60cm的棒狀。此時麵糰中央稍粗，但仍持續擀壓。 麵糰的兩端也不要擀壓得太細地，留下較粗的部份。

整型	最後發酵 （在約32℃下、 約30分鐘）	浸泡鹼性溶液	烤焙 （以約230℃烤18～20分鐘）

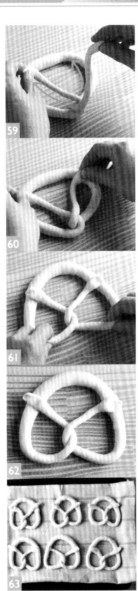

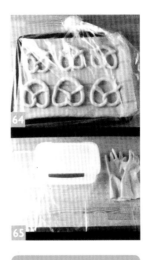

最後發酵後

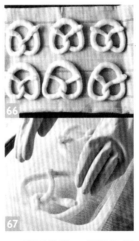

⑭〜⑯ 將麵糰兩端交錯。⑰〜⑱ 於交錯處再次捲起扭轉麵糰。

⑲〜⑳ 將麵糰的兩端固定在上方較粗的部份。㉑〜㉒ 整理形狀。㉓ 在烤盤上舖放厚布巾，放置整型後的麵糰。

㉔ 連同烤盤一起裝入塑膠袋中，放置在約32℃的地方，進行約30分鐘的最後發酵。㉕ 準備浸泡用的鹼性溶液。在工作檯上舖放塑膠袋，準備橡膠手套。因為具危險性，所以不能直接以手碰觸。㉖〜㉗ 把完成最後發酵的麵糰，完全浸泡在鹼性溶液中。

㉘〜㉙ 將浸泡過鹼性溶液的麵糰放在舖有烤盤紙的烤盤上。㉚ 在麵糰較粗的地方劃入一道割紋。㉛ 在劃入割紋處撒上岩鹽。㉜ 用噴霧器噴撒大量的水，以約230℃的烤箱，烤焙18～20分鐘。

再溫習並記住
麵包用語集

解釋本書中所使用關於麵包的用語。
也可以重新溫習麵包的製作。

A行

鹼

將氫氧化鈉(燒鹼Caustic Soda)溶於水裡的溶液。將布雷結麵糰浸泡其中之後,再烤焙,因而產生獨特的烤色及風味。法律上有規定使用方法,相對於1L的水中,只能加入30g以下的氫氧化鈉。

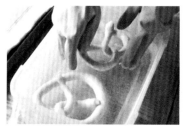

必須準備好橡膠手套後才能開始進行作業。

酵母

以麵包麵糰內的糖份做為營養成份而活動產生作用,會排放出二氧化碳及有機酸等副產品。有新鮮酵母、需要預備發酵的乾酵母,以及不需要預備發酵的速溶乾酵母。

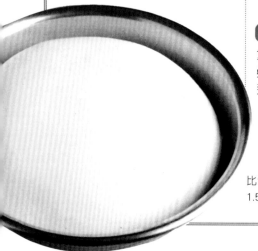

比發酵前膨脹了
1.5～2倍

蔗糖轉化酵素(invertase)活性

是酵母中含有的一種澱粉分解酵素。酵母當中含有蔗糖轉化酵素(invertase)、麥芽糖酵素(mal-tase)以及釀酵素(zymase)。蔗糖轉化酵素(invertase)活性較強的酵母,用於含糖量較高的麵糰時,更可以促進發酵能力。

維也納麵包 Viennoiserrie

在法文中,是指含有較多砂糖及雞蛋,口感豐富的甜麵包。可頌麵包、丹麥麵包以及皮力歐許等都屬於這類。因為是由維也納流傳至法國的,所以才會被稱之為維也納麵包(維也納風)。

過夜法

適合用於製作可頌麵包或丹麥麵包等奶油含量較多的麵包。麵糰的溫度一旦升高,奶油就會變軟,相當地不容易處理。因此,前日先製作麵糰發酵,靜置於冰箱中,目的就是希望可以更容易進行作業。

折疊作業

重覆進行擀壓麵糰和奶油之後折疊的作業。可頌麵包及丹麥麵包通常都必須進行3次的折疊作業。

KA行

氣體

是指在酵母發酵過程中排放出的二氧化碳。發酵後的壓平排氣,也就是「排放氣體」的意思。

以手掌輕壓排氣

割紋

在完成最後發酵的麵糰上,以專用割紋刀切劃出割紋。並且,進行這個動作稱之為「切劃割紋」。主要用於硬式麵包。

法國麵包上的割紋

黑麥麵包的割紋

外層脆皮 crust

麵包外側的脆皮。在硬式麵包的外層如果能完成酥脆的口感即可。

內部質地 crumb

麵包內部的質地。內部質地的細緻程度會因揉和時間等而有所不同。

麩質網狀結構

將麵包麵糰薄薄地擀壓後形成的網狀薄膜。酵母排出的二氧化碳會被留在麩質網狀結構中，而使得麵包膨脹鬆軟。

軟質麵包的麩質網狀結構

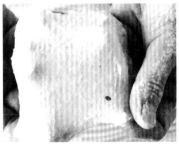

硬式麵包的麩質網狀結構

結合水

沒有溶化任何物質之狀態下的水稱之為自由水，在水中溶化了鹽、砂糖等物質之狀態的水稱為結合水。結合水較多時，製作出的麵包口感也會更加柔潤。相較於直接法，發酵種法因為需要較長的時間，所以相對地也會含有較多的結合水。

酵母菌

經常被運用在麵包或啤酒的單細胞生物。狹義地就是指酵母。

攔腰彎折 caving

主要是出現在吐司麵包等以模型烘烤的麵包上。麵糰側面彎折的現象。烤焙完成沒有立刻脫模、烤焙不足或是過度發酵，都可能是造成這種狀態的原因。

揉和完成的溫度

在規定時間內揉和，在確認過麩質網狀結構後，進行的麵糰溫度測量。揉和完成的最佳溫度大約是24～30℃。

在規定時間內揉和

刺入溫度計以量測溫度

麵包側面產生了深陷的皺摺

SA行

起酥油

植物性的固體油脂。特徵是無味無臭，含水量是0%。無法增添麵糰的風味，用於想使麵包膨脹鬆軟時。另外，為了防止麵糰沾黏，也會薄薄地刷塗在模型或發酵用的攪拌盆中。

水合作用

將麵粉的粒子一顆顆地以水浸透。為製作出口感潤澤的麵包，最重要的就是盡量均勻地浸透麵粉與水。發酵種法中，因用較長時間來進行水合作用，所以烤焙出的也是較不容易乾燥的麵包。

水與粉類充份拌勻是非常重要的

直接法

從混拌材料、揉和、發酵以至烤焙，全部一次進行的製作方法。

芝麻圈麵包 Simit

表面沾黏上芝麻烤焙而成的圈狀麵包。在土耳其是食用於早餐及點心的。中東及亞洲有許多口味單純且扁平地烤焙而成的麵包，酵母含量低是其最大的特徵。

1. 土耳其麵包 Ekmek
土耳其語中，就是「麵包」的意思。在扁平的麵糰上刷塗蛋液，沾上香香的芝麻烤焙而成的。

2. 印度烤餅 Nan
在稱為坦都烤爐的壺狀烤窯中，烤焙出的印度薄烤麵包。現在幾乎是在餐廳而不是在家庭中享用。

整型

將麵糰整合成最後的形狀。特別是製作可頌麵包或丹麥麵包等折疊麵糰時，必須迅速地進行。

奶油捲的整型

肉桂捲的整型

吐司的整型

其他的亞洲麵包

3. 印度薄餅 Chapati
印度薄圓形的麵包。以全麥粉和水一起揉和，在鐵鍋中烘烤而成的。在當地比烤餅更受到大家的喜愛。

4. 花捲
麵粉加水搓揉，捲成花形蒸熟的。因為有使用發酵菌種，所以分類上是屬於發酵麵包。

全麥粉

也稱為全粒粉。是將小麥的表皮、胚乳及胚芽一起製成的粉類。有粗粒及細粒之分。使用粗粒粉時，必須先進行的作業是，預先用水混拌泡軟備用。

軟質麵包

除了粉類、酵母、水和鹽等基本材料之外，還含有雞蛋、奶油等副材料，形成柔軟潤澤口感的麵包。

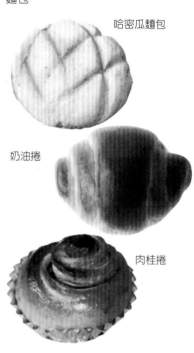

哈密瓜麵包

奶油捲

肉桂捲

TA行

丹麥麵包

在折疊麵糰上擺放水果及卡士達奶油的甜麵包。雖然最開始製作這種麵包是起源於奧地利的維也納，但卻是在丹麥普及傳開的，所以冠上「丹麥」的名稱，而成為現在通稱的「丹麥麵包」。在丹麥除了像丹麥麵包這種口感豐富的麵包之外，還有許多撒放罌粟籽口味清淡單純的麵包。

其他的北歐麵包

1. 芝麻穀物麵包

丹麥傳統的餐食麵包。麵包名稱是丹麥語中「三種」「穀物」的意思。

2. 卡亞蘭餡餅

karjalanpiirakka

在黑麥粉製成的薄麵糰上包牛奶糊烤成的芬蘭麵包。是卡亞蘭地區麵包的意思。

3. 黑麥圓圈麵包

有著黑麥酸味的圓形圈狀麵包。切成適當大小後,搭配火腿或起司一起食用。

3

HA行

硬式麵包

以粉類、酵母、鹽和水等基本材料製成的麵包。有時會加入少量基本材料外的副材料。

法國麵包

法國鄉村麵包

奶油

可以增加麵糰的彈力及風味,也可以有助於完成時的膨脹鬆軟。通常製作麵包時使用的是無鹽奶油。

發酵種

利用材料中部份粉類、酵母、水一起混拌,發酵製成的麵糰。事前以部分材料製成發酵種的話,可以使酵母確實地發酵,也可以更方便麵糰製作之進行。進行2次以上的揉和作業。製作發酵麵糰,剩下的法國麵包麵糰在揉和發酵麵糰的當天,進行約1小時的發酵後,以烤箱烘烤,可以製成麵包粉或麵包丁再加以運用。

NA行

中種

以材料中大部份的粉類、水混拌,製作發酵種。在中種的材料中加入砂糖,製作發酵種的方法稱之為加糖中種法。

壓平排氣

在發酵過程中,將麵糰壓平以排出氣體的動作。在發酵時形成的二氧化碳氣泡稍加整合後,可以使麵包內側的質地更加細緻。

打孔

以手指或打孔滾輪在麵糰上刺出孔洞。藉由刺出的孔洞,使得麵糰在烤焙時不會浮起晃動。製作披薩麵包或佛卡夏等麵糰時,常需要打孔。

維生素C溶液

將左旋維他命C(維生素C)溶於水中的溶液。可以防止麵糰的沾黏,增強麵糰的Q彈口感。經常用於法國麵包及法國鄉村麵包等。

僅使用極少量

麵包坊 Boulangerie

在法語中是「麵包店」的意思。除了法國麵包、法國鄉村麵包等主要麵包外,也會販售可頌麵包等豐富口感的甜麵包(維也納麵包)的麵包店。

巴黎街頭的麵包坊

副材料

除了使用的粉類、酵母、水以及鹽之外的材料。最具代表性的是砂糖、雞蛋、奶油及牛奶等。可以藉由添加的副材料而使酵母更順利地進行發酵作業，也可以增添口感及風味。

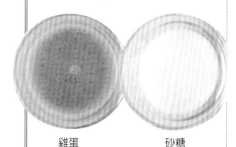

雞蛋　　　　砂糖

法國麵包

法國麵包，是日本才有的獨特稱呼，正式應該稱之為「傳統麵包」。即使是傳統麵包當中，也會依其長度及重量而有不同的名稱。在法國是用餐時不可或缺，最受歡迎的麵包，所以也會因製作及粉類的配比不同，而變化出各種不同的風味。

分割

分切麵糰。以刮板或切麵刀一鼓作氣地分切正是其要訣。

中間發酵

分割滾圓後的麵糰，為了能更容易整型，使其靜置。目的只在鬆弛，所以不需要太長的時間。

其他的法國麵包

1. 無花果麵包
Pain au× Figues
在單純的麵糰中加入了乾燥無花果。也有加入了葡萄乾或杏桃的麵包。

2. 佛卡司 Fougasse
將法國麵包麵糰壓平，切出形狀孔洞製成的麵包。

3. 葡萄乾麵包
Pain au× Raisins
在可頌麵包麵糰中加入了葡萄乾及卡士達奶油捲成的甜麵包。

4. 維也納麵包 Pain viennois
特徵是割紋細密，棒狀的軟質麵包。經常做為三明治麵包來食用。

最後發酵

為引發出酵母最大的力量使能烘烤成膨鬆麵包所進行發酵作業，稱之為最後發酵。必需避免乾燥及發酵過度。發酵後的麵糰是相當細緻的，所以必須很小心地處理。

決定麵包形狀的最後階段

液種 Poolish

將材料中的部份粉類、酵母、鹽及一部份的水製成的液態酵種。因發酵種而製成有含水較多的柔軟發酵種，所以可以快速地進行水合作用，做出風味獨特的麵包。

MA行

麥芽糖酵素(maltase)活性

酵母原本也是一種分解酵素。具有能將澱粉分解成麥芽糖，再將其分解成葡萄糖的性質。麥芽糖酵素活性較強的酵母，使用在風味單純的硬式麵包上，更能發揮其效果。

1
2
3
4

滾圓

使分割的麵糰能更容易整型而進行的滾圓作業。滾圓作業中，使麵糰表面滿飽平整是很重要的。

小型麵包的滾圓

大型麵包的滾圓

擀麵棍

擀壓麵糰時使用的。只要留心正確地持拿擀麵棍，就可以擀壓成均勻一致的厚度。

身體的中央必須對齊麵糰的中央

麥芽糖漿

由麥芽糖所煮出的漿液。為促進不含砂糖麵糰的發酵，僅添加極少的用量。

YA行

烤焙完成

麵包製作之最後作業。雖然必須依照規定的時間及溫度來烤焙，但因烤箱的種類不同，烤箱狀況也各不相同，因此進行時必須很仔細確認烤焙狀況。

烤色

烤焙麵糰時烘烤出的色澤。開始出現茶色時是最佳色澤。在德國和法國，多半的麵包都有較深的烤焙色澤。

RA行

黑麥粉

以黑麥製成的粉類。黑麥所含蛋白質成份中的麥穀蛋白(glutenin)較少，因此製作麵包時，多半會混拌麵粉來使用。在德國及俄羅斯等地，食用相當多黑麥粉製作的麵包。

單純口感 Lean

指的是幾乎不含砂糖及雞蛋等副材料，口味單純的麵包。這種麵包就會形容是口感單純的麵包。

豐富口感 Rich

在麵糰內含有相當多砂糖及雞蛋等，口感豐富濃郁且滑順。像這樣的麵包就會形容是口感豐富的麵包。

使用黑麥粉的德國麵包
1. 德國傳統黑麥麵包
Pumpernickel
使用將近100%的黑麥粉，經過長時間製作烤焙而成的麵包。具有獨特的酸味。

2. 雜糧黑麵包
Mehrkorn Brot
約含有70%黑麥粉的配比，有著紮實綿密的口感。經常用於搭配火腿及香腸等肉類料理。

3. 德國鄉村麵包
Bauernbrot
是德國最受到喜愛的鄉村麵包。含有50%黑麥粉的單純風味，適合搭配任何料理。

Bretzel

製作布雷結前的
注意重點

製作布雷結需要注意以下的重點

希望能注意到這些事

注意重點 **1**
在工作檯上
舖放塑膠袋

必須準備好照片中的三項物品

保護檯面。型垃圾袋或厚塑膠袋以色。在工作檯上舖上大會造成工作檯焦黑變萬一飛濺在工作檯上，

注意重點 **2**
戴上橡膠手套後
再進行作業

萬一沾到了手指務必立刻用清水沖洗

開始進行作業。上也必需戴上橡膠手套再工作檯上舖放塑膠袋，手摸時，會燒灼皮膚，所以強鹼溶液如果直接用手觸

注意重點 **3**
不要靠近
酸性清潔劑

必須避免如照片般一起保存

酸性藥品及清潔劑。危險性。所以不能靠近起混合時，會有起火的酸性的清潔劑或藥品一原液及強鹼溶液如果和

注意重點 **4**
避免在孩童面前
使用

也不要放在孩童拿得到的地方

前使用。全，最好避免在孩童面以為是飲用水。為求安的，有可能小朋友會誤因鹼性溶液是清澄透明

使用時千萬必須慎重進行！

製作布雷結時必要的氫氧化鈉，又稱為燒鹼，是被歸類為強烈藥物管制的藥品，所以只能在藥局才能購買。並且，在購買時必須登記姓名地址，也必須攜帶印章，同時法律也規定使用方法是30g以下的用量必須稀釋在1L的水中。

使用時必須要多加留心。首先在製作鹼性溶液時，必須要在工作檯上舖放塑膠袋，並且務必戴上手套後再進行作業。丟棄時也必須先用水稀釋之後再倒掉。使用後必須栓緊瓶蓋，存放在避免日光直射的乾燥處。同時最好也避免與酸性清潔劑保存放置在相同地方。

雖然布雷結使用了這種管制藥品，但食用上並不會有害身體。這是因為氫氧化鈉在烤焙時會引發化學變化，變化成中性鹽。布雷結的表面會變成茶色，食用時的鹹味也是由此而來的。

成功製作麵包的3大要件

在此介紹希望能加以留心的3大要件

1 要件 麵包 要確實地學好做一種

如果製作奶油捲，那就確實地重覆製作奶油捲，這樣就可以逐漸記住揉和的感覺，還有發酵、滾圓以及烤焙的色澤等。每次都試著製作不同的麵包，因為每次的麵糰硬度及發酵的狀況也各不相同，所以每次製作都要重新適應一次，就相當困難辛苦。等到一種麵包可以製作得讓自己滿意後，再挑戰下一種麵包的製作，可以減少失敗。

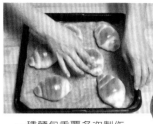

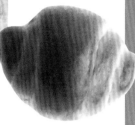

奶油捲是最適合初學者挑戰嚐試的麵包

一種麵包重覆多次製作時，就會漸漸地掌握住發酵的狀態、烤焙完成色澤等重點

2 要件 依照配比來製作

麵包材料當中，糖分是酵母的營養來源，鹽可以幫助緊實麩質，每一種材料都各有其作用。例如想要減低甜度而將砂糖用量減半時，不僅甜度降低，連酵母的活動都減弱了，因而製作出的麵包就無法膨鬆柔軟。追加材料的狀況也如此。依照配比來製作，是成功製作麵包的捷徑。

也不能因為想製作葡萄乾麵包，就擅自在吐司的配比中加入葡萄乾。

3 要件 麵包 保有充裕時間來製作

雖然本書中有記載著製作所需的時間，但也會因人的揉和、分割、整型等作業時間不同而有所差異。在最初製作，尚未習慣時常會花上更長的時間，所以在時間充裕時再開始製作吧。

製作麵包時，最花時間的就是發酵。即使吐司等麵包的所需時間是寫5個小時，但實際上著手製作時，揉和、壓平排氣、分割及整型的時間加起來幾乎只有1個鐘頭左右。其他的4個小時，都是在發酵及烤焙的時間。發酵時間，所記載的都是該種麵包最適度的發酵時間，所以並不是「接下來要外出一下」，這其間直接將麵糰放入冰箱就可以的。在製作麵包前，先大致確認掌握作業流程，確實地將製成時間表加以控管吧！

在製作麵包當天，必須要有充裕的時間仔細確認麵糰狀態。

EASY COOK

麵包教科書(最新版):日本圖書館協會指定選書,

2500張步驟圖解,從基本麵團到進階變化,保證易學零失敗!

作者　坂本里香

翻譯　胡家齊

出版者 / 大境文化事業有限公司　T.K. Publishing Co.

發行人　趙天德

總編輯　車東蔚

文案編輯　編輯部

美術編輯　R.C. Work Shop

台北市雨聲街77號1樓

TEL:(02)2838-7996　　FAX:(02)2836-0028

法律顧問　劉陽明律師　名陽法律事務所

初版日期　2021年10月

定價　新台幣480元

ISBN-13:　9789860636925

書　號　E123

讀者專線　(02)2836-0069

www.ecook.com.tw

E-mail　service@ecook.com.tw

劃撥帳號　19260956 大境文化事業有限公司

本書為「麵包教科書2」9789570410785 之新版

ICHIBAN SHINSETSU NA YASASHII PAN NO KYOKASHO

© RIKA SAKAMOTO 2008

Originally published in Japan in 2008 by SHINSEI Publishing Co.,Ltd.

Chinese translation right arranged through TOHAN CORPORATION, TOKYO.

麵包教科書(最新版):日本圖書館協會指定選書,

2500張步驟圖解,從基本麵團到進階變化,保證易學零失敗!

坂本里香　著

初版 , 臺北市:大境文化, 2021; 208面 , 19×26公分

(EASY COOK系列:123)

ISBN-13: 9789860636925

1.點心食譜　2.麵包

427.16　　110015153

Staff

照片攝影　永山弘子
設計　中村たまを
插畫　森千夏
協助麵包拍攝　青井美奈子、近藤弓紀子、
　　　　　　　山根夕夏
　　　　　　　(麵包教育 Bread & Sweets staff)
編輯、製作　Baboon 株式倉社　(丸山綾)